働き方改革関連法 電子納税・申請等 対応 第2版

すぐに使える PX2

戦略給与情報システム（PX2）ガイドブック

TKC出版

はじめに
──第2版の発刊にあたって──

　本書は、株式会社TKCが、全国約10,000のTKC会計事務所を通じて提供している「戦略給与情報システム」(PX2)の使い方を解説した入門書です。本書に沿って、入力を進めるだけで全体の業務の流れと操作方法を理解することができます。

　また、本書の構成は、実際の業務に合わせた形となっているため、目次と索引から見たい箇所、知りたい機能、覚えたい操作をすぐに確認できることも大きな特徴となっています。

　入力項目や設定項目の説明には、図や詳細の説明箇所への参照頁を多く記載しています。したがって、実際に「給与支払明細書」にどのように反映するかなど、各項目の関連性が示されているため、わかりやすくなっています。

　さらに、「プロからの実務上のアドバイス」として、PX2の導入を実際に支援しているTKC会計事務所からの実務上の留意点、ポイントなどが随所に盛り込まれており、実務的な利用方法も解説しています。

　給与明細は手書きの時代からいまやスマホ等で閲覧できる時代に変わってきました。年末調整業務の省力化や給与支払報告書の電子申告は当たり前になってきました。そして、市町村等から送られてくる住民税のデータも入力することなく読み込む時代になりました。PX2を活用することで、業務の効率化を進めるだけでなく環境にも優しい企業を目指すことにもつながります。

　一方で、「労働分配率等の推移」や「支給総額の分布」「同業他社比較」などの戦略的な活用ができるのもPX2ならではの強みでもあります。

　初めてPX2を利用する方、初めて給与計算業務を行う方には必読の1冊になっています。また、すでにPX2を利用されている場合でも、操作に困った時に、気軽に参照できる内容となっています。

　なお、本書は「入門書」という位置づけであり、PX2に搭載されているすべての機能を網羅しているわけではありません。本書に記載がない機能については、PX2に搭載されている「虎の巻」(システム解説書)をご確認いただくか、ヘルプデスクまたはTKC会計事務所にお問い合わせください。

　初版の発刊から約2年が経過しましたが、この間、PX2は様々な法令改正に即座に対応し、結果としてシステムが大幅に改訂されています。第2版では、これらのシステム改訂の内容を盛り込むとともに、実務上の留意点やポイントなどについても加筆しました。

　本書が、皆様方のPX2のよりスムーズで効果的な活用に少しでもお役に立てば幸いです。

TKC全国会システム委員会

PX2システム小委員会

第2版の主な改訂内容

■法令改正、制度改正への対応

1. 働き方改革関連法対応

(1)「年次有給休暇取得状況一覧表」印刷機能の搭載

(2)「有給休暇管理簿」印刷機能の搭載

(3)「残業時間確認表」印刷機能の搭載

2. 住民税額決定通知、納付の電子化

(1) 住民税額通知データ読込機能の搭載

(2) 住民税の電子納税対応（TKC電子納税かんたんキットへの住民税データ連動機能の搭載）

3. 社会保険の電子申請義務化対応（電子媒体作成対象の拡充）

4. 改正消費税法対応（消費税率10%への引き上げ、軽減税率）

5. 新元号「令和」様式対応（社保労保の届出書類、年末調整に関する申告書等）

6. 令和元年分年末調整対応

(1) 令和2年分「扶養控除等申告書」「源泉徴収簿」の様式改正

(2) 令和2年分税額表の改正

7. 令和2年分年末調整対応

(1) 基礎控除の見直し、所得金額調整控除の創設、ひとり親控除等

(2) 年末調整手続きの電子化（保険料控除証明書の電子データでの提出）

8. 社保労保に関する法令改正、様式改正

(1) 高年齢労働者からの雇用保険料控除

(2)「労働保険　概算・確定保険料申告書」の様式改正

(3)「雇用保険　資格取得届」「雇用保険　資格喪失届」の様式改正

(4) 厚生年金保険の標準報酬月額の上限改定

(5)「健康保険　被扶養者（異動）届」様式改正

■機能強化への対応

1. 年末調整結果前年比較機能の搭載

TKC会計事務所の支援

(1) TKC会計事務所による導入支援

　PX2は、株式会社TKCからTKC会員である会計事務所を通じて提供される「戦略給与情報システム」です。

　そのため、導入にあたっては、ご利用のパソコンへのインストール、会社の登録、消費税に関する設定などの基本的な情報の登録は会計事務所が行います。また、その後の運用支援もTKC会計事務所がしっかりサポートします。

　これにより、システム立ち上げ時にマニュアルと悪戦苦闘することなくスムーズに導入できます。

　また、一部の機能の設定は、「会計事務所専用メニュー」で行うことになっています。TKC会計事務所に相談しながら、自社の運用に合わせて設定を変更できます。

「会計事務所専用メニュー」でのみ変更できる主な設定項目
①商号
②モデル
③会計事務所情報の修正
④「税理士等の報酬」の内訳入力、有給休暇付与機能等の利用設定
⑤「PXまいポータル」の利用設定

(2) デモデータによる操作体験

　PX2には、デモデータが用意されています。デモデータでは、ほぼすべての機能を利用することができ、実際にPX2を導入する前に、自社の運用に沿って活用できるかどうかを具体的に試すことができます。

　なお、デモデータの登録は、「会計事務所専用メニュー」で行いますので、デモデータでPX2を体験したい場合は、TKC会計事務所にお問い合わせください。

CONTENTS 目 次

Ⅲ 賞与計算の処理方法

Ⅳ ライフイベント（採用・退職・結婚・出産等）ごとの手続き

Ⅴ 月次更新（年次更新）処理の方法

Ⅵ 算定基礎届・月額変更届の作成

Ⅶ 労働保険料の申告

Ⅷ 年末調整の手続き

Ⅸ 自社情報・社員情報の確認・登録の方法

プロからの実務上のアドバイス

序 章

1. 経営者の皆様へ

給与情報を経営に活かしてみませんか?!

　給与計算業務は、企業の給与計算担当者が毎月必ず行う業務になります。しかし、多くの企業が給与計算および給与明細の発行を目的としており、給与情報のデータを「経営」に活かし切れていない企業が意外と多いのではないでしょうか。

　「戦略給与情報システム」（PX2）は、労働分配率や1人当たりの支給総額の推移、あるいは部課（職階）別支給総額分布や残業時間・残業手当順位、さらには年次有給休暇の消化率や支給総額分布、同業他社との比較等ができ、戦略情報として活用できる機能が多く搭載されています。

　さらに、昨今、勤怠データは「集計して入力するもの」から「自動で読み込むもの」となっており、PX2もこうした流れにしっかり対応し、他のシステムと連携ができるようになっています。また、給与明細も「紙で印刷する」から「Webで閲覧する」時代になっており、当然、PX2もそれに対応しています。

　社員数が少ない会社では、いまだに"手書き"のところがあるかもしれません。しかし、毎月のルーティン業務だからこそ、省力化を図ることができれば、その効果は大きくなります。

　PX2で計算した給与情報データは、TKCの「戦略財務情報システム」（FXシリーズ）に連動するため、会計処理を行う際、改めてFXシリーズに預り金等の複雑なデータを入力する必要がなく、大幅な経理事務の効率化につながります。

　日々、経営環境は変化しています。それにともない個々の会社のニーズも大きく変わることが予測されます。これからも利便性の高いPX2であり続けるために、そうした変化を的確に捉え、全国のユーザーからの声を反映しながら、適時、PX2の改訂を行っていきます。

　経営者の皆様が、このようなPX2の機能をフル活用し、TKC会計事務所の支援のもと、経営管理面の強化に取り組んでいただければ幸いです。

2. 給与計算担当者の皆様へ

PX2は単なる給与明細の作成システムではありません！

　給与計算担当者は、会社のなかで最も信用されている方が従事するポジションです。なぜかといえば、扱う情報が"ヒト"に関することだからです。

　会社は"ヒト"が生命線であり、給与情報を含む社員情報はとても大切に取り扱わなくてはなりません。その上、社会保険等の料率改定、源泉徴収税額の変更、住民税の変更等々、毎月の業務とはいえ、事務量は多くなっているのが現状です。加えて、採用や異動、退職などの実務や、社会保険の算定基礎届や月額変更届、雇用保険事務等も負担になっています。

　PX2では、毎月発生する業務もそうでない業務もストレスを感じないように設計してあります。

　たとえば、現在の業務の流れが、「タイムカードを集計」「給与システムに入力」「給与明細を印刷」「封筒に入れて社員に手渡す」となっているとします。そこでPX2を活用すれば、「給与システムに勤怠データを読み込み」「給与計算が完了すれば明細はWebにあげて」「社員がパスワードを入力し閲覧する」という流れに変えることができます。振込データも同時に作成されるため、インターネット・バンキング（IB）にデータを送信すれば振込は完了です。住民税のデータは地方公共団体からダウンロードし、源泉所得税等の納付も電子納税で簡単です。そして、年末調整の事務作業も、給与支払報告書の電子申告で劇的に省力化できます。資格喪失届や離職証明書、退職所得の源泉徴収票も簡単に出力できますから、ルーティンではない業務が発生しても楽々こなすことができます。

　会社のなかで最も信用されている給与計算担当者が、PX2を活用いただくことで、事務量が多くなってもストレスを感じることなく、着実に業務に取り組むことができ、ますます信頼に足る仕事ができるようになることを期待しています。

Ⅰ

PX2の概要

1 システムを起動しよう

2 基本的な操作方法を理解しよう

1 システムを起動しよう

PX2は、「TKC戦略経営者メニュー21」の「給与計算PX2」から起動します。

① 「TKC戦略経営者メニュー21」の「給与計算PX2」をクリックします。

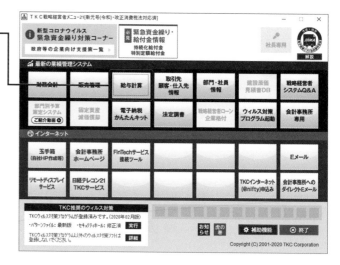

② **パスワード入力画面が表示されます。**
TKC会計事務所の設定により、この画面が表示されずに、次の③の画面が表示される場合もあります。

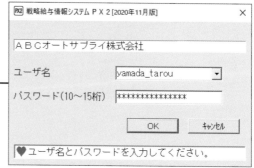

③ **「フルメニュー」画面が表示されます。**
行う業務を「タブ」「メニュー」ボタンから選択します。

基本的な操作方法→4頁

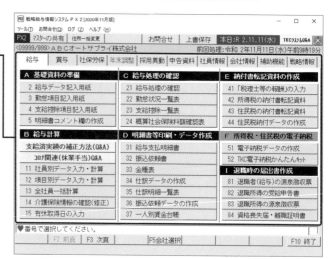

ここも
チェック!

PX2のシステム内容の改訂に関するお知らせ機能

　PX2のシステム内容が改訂されると、「フルメニュー」画面が表示される前に、次のような改訂内容をお知らせする画面が表示されます。「改訂内容の詳細」ボタンをクリックし、具体的な改訂内容や注意点などを確認しましょう。

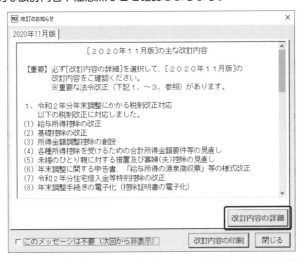

Ⅰ PX2の概要

Ⅱ 給与計算の処理方法

Ⅲ 賞与計算の処理方法

Ⅳ ライフイベント（採用・退職・結婚・出産等）ごとの手続き

Ⅴ 月次更新（年次更新）処理の方法

Ⅵ 算定基礎届・月額変更届の作成

2 基本的な操作方法を理解しよう

　PX2の基本操作としては、まず画面上段の「タブ」で業務の種類を選び、画面中央に表示された「メニュー」ボタンから、実際に行う業務内容を選択します。キーボードによる操作を覚えると、よりスピーディーに活用することができます。

■ フルメニューの「タブ」と「メニュー」ボタン

① 画面上部の「タブ」で業務が分けられています。
「タブ」をクリックするか、「F2前頁」「F3次頁」ボタンで表示するタブを切り替えます。

② 画面中央に、「メニュー」ボタンが表示されます。
行う業務を「メニュー」ボタンから選択します。

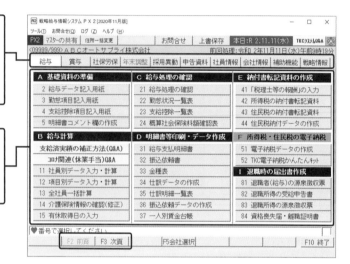

ここもチェック！ 表示画面サイズを変更したい場合は

　「フルメニュー」画面の上段にある「ツール」の「表示画面サイズの変更」から画面サイズを変更できます。
　また、「ヘルプ」には操作の助けとなる手引きがあります。

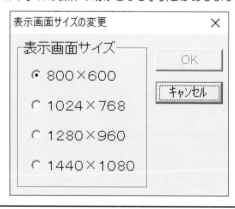

マウスでの操作の他、キーボードでも操作できます。キーボードの操作に慣れてくると、よりスピーディーに操作できるようになります。

① 画面上部のボタン

キーボードの「Ctrl」キーと「F1」〜「F5」キーで操作できます。「F1」〜「F5」の番号は左から順に割り当てられています。例えば、「Ctrl」を押しながら「F2」を押すと「住所一括変更」ボタンをクリックした場合と同じ操作になります。

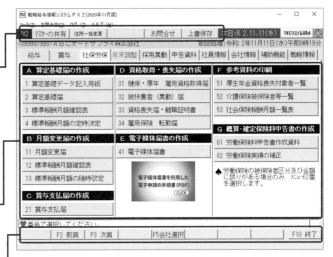

② メニュー番号があるボタン

メニュー番号が表示されているボタンがある画面では、番号を入力して「Enter」キーを押すと、そのボタンをクリックした場合と同じ操作になります。例えば、「1」を入力して、「Enter」キーを押すと、「1 算定基礎データ記入用紙」をクリックした場合と同じ操作になります。

③ 画面下部のボタン

「F1」〜「F10」が表示されているボタンがある画面では、キーボードの「F1」〜「F10」キーを押すと、各番号のボタンをクリックした場合と同じ操作になります。例えば、「F10」を押すと「F10終了」ボタンをクリックした場合と同じ操作になります。

④ 「矢印」キーでのボタン選択

「←」「→」矢印キー、「Tab」キーを押すと、ボタンの周囲の点線の枠が移動します。「Enter」キーを押すと、青色の枠が表示されているボタンをクリックした場合と同じ操作になります。

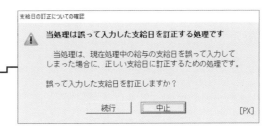

⑤ 「Enter」キーでのカーソル移動

入力欄で「Enter」キーを押すと、次の入力欄にカーソルが移動します。最後の入力欄の場合、「OK」「キャンセル」等のボタンにカーソルが移動します。

なお、「F1」キーを押すと、「Enter」キーとは逆の順にカーソルが移動します。

I PX2の概要
II 給与計算の処理方法
III 賞与計算の処理方法
IV ライフイベント（採用・退職・結婚・出産等）ごとの手続き
V 月次更新・年次更新・処理の方法
VI 算定基礎届・月額変更届の作成

Ⅱ 給与計算の処理方法

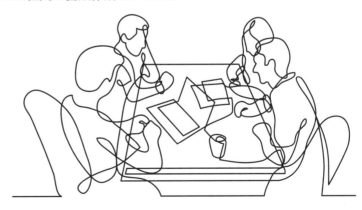

1 給与計算の手順を理解しよう

「今月の支給日」や「社員情報」（氏名や所属部課、給与振込先等）などをPX2に登録します。また、毎月の勤怠情報を締めたらその実績を集計して、PX2へ入力します。

1 今月の支給日の登録

前月からの月次更新を行い、今月の給与の支給日を登録します。

今月の支給日を登録するには→11頁

2 社員の採用・退職

給与計算する社員は、氏名や所属部課、給与振込先等の情報を登録する必要があります。あわせて、健康保険・厚生年金保険や雇用保険の「資格取得届」を作成し、提出します。また、退職する社員がいる場合は、退職処理を行います。

社員を新規登録するには→85頁

「資格取得届」等を作成するには→104頁

社員の退職処理をするには→117頁

3 勤怠情報の入力

勤怠情報の締め日が到来した後、計算期間の出勤日数や残業時間を集計し、入力します。

勤怠情報を入力するには→14頁

他社システムの勤怠データを取り込むには→332頁

4 支給・控除の入力

基本給の引き上げ（引き下げ）や毎月変動する手当、給与から控除する金額などについて見直します。必要に応じて、金額を入力（変更）します。

支給・控除を入力するには→19頁

5　給与処理と結果の確認

給与計算を行い、計算結果を確認します。計算結果は、勤怠状況については「勤怠状況一覧表」、支給・控除については「支給控除一覧表」を印刷して確認します。

- 給与処理と結果の確認をするには→34頁
- 勤怠状況を確認するには→36頁
- 支給・控除の内容を確認するには→37頁

6　「給与支払明細書」の印刷・交付

今月の「給与支払明細書」を印刷し、社員へ交付します。

- 「給与支払明細書」を印刷するには→38頁
- 「給与支払明細書」をWebで交付する場合は→40頁

7　給与振込依頼

自社の銀行口座から各社員の銀行口座へ給与を振り込むため、「振込依頼書」を印刷します。

- 「給与振込依頼書」を印刷するには→41頁
- 給与振込依頼データを作成する場合は→42頁
- インターネット・バンキング（IB）で給与振込依頼をするには→43頁

8　給与仕訳データの作成

今月の給与仕訳データを作成し、戦略財務情報システム（FXシリーズ）へ連動します。

- FXシリーズへの仕訳連動の方法→320頁

9　所得税の納付

所得税は原則として翌月10日までに納付します（納期の特例にも対応）。
ここで、納付手続きに必要な資料の印刷やデータ作成を行います。

- 所得税を納付するには→45頁

I　PX2の概要
II　給与計算の処理方法
III　賞与計算の処理方法
IV　ライフイベント（採用・退職・結婚・出産等）ごとの手続き
V　月次更新・年次更新）処理の方法
VI　算定基礎届・月額変更届の作成

10 住民税の納付

住民税は原則として翌月10日までに納付します（納期の特例にも対応）。
ここで、納付手続きに必要な資料の印刷やデータ作成を行います。

住民税を納付するには→49頁

11 社会保険料額の確認

社会保険料額を確認します。社会保険料額を確認できる資料を印刷します。

社会保険料額を確認するには→51頁

12 退職した社員の書類作成

退職した社員へ交付する「源泉徴収票」や「離職証明書」（作成資料）を印刷します。
あわせて、健康保険・厚生年金保険や雇用保険の「資格喪失届」を作成し提出します。

退職者へ「源泉徴収票」を交付するには→52頁

「資格喪失届」を作成するには→126頁

「離職証明書」（作成資料）を印刷するには→135頁

2 今月の支給日を登録するには

社員（役員・社員・パート等）の給与支給日の登録手順を解説します。

① **[給与]タブを選択します。**

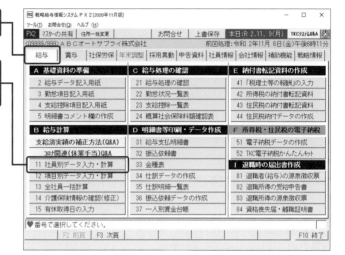

② **ここをクリックします。**

　キーボード：11＋Enterキー

③ **この画面が表示されますので、ここをクリックして、「月次更新」を行います。**

　「月次更新」をするには→154頁

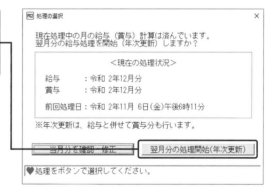

④ **この画面が表示されます。**

　もしもの時に備えて、バックアップを取ります。

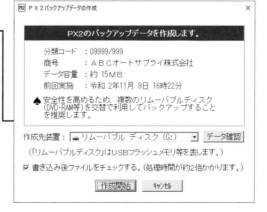

I PX2の概要

II 給与計算の処理方法

III 賞与計算の処理方法

IV ライフイベント（採用・退職・結婚・出産等）ごとの手続き

V 月次更新（年次更新）処理の方法

VI 算定基礎届・月額変更届の作成

⑤ 「月次更新」を行った後、給与の月分を
確認し、支給日を入力します。

支給日を間違えて入力した場合は、「F1修
正」ボタンから修正します。

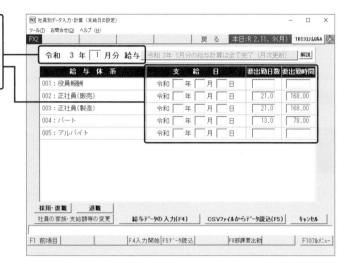

⑥ 給与体系の「支給日」を入力すると、
このメッセージが表示されます。

すべての給与体系（役員・正社員・パート等）
で支給日が同じ場合は、「はい」をクリック
します。

支給日が異なる場合は、「いいえ」ボタンを
クリックして給与体系ごとに支給日を入力
します。

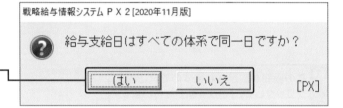

⑦ 入力した支給日を確認します。

勤怠データ等を入力するには→14頁

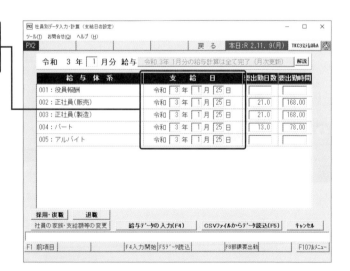

プロからの実務上のアドバイス

● **同月内に複数回支給がある場合**

同月内に複数回支給がある場合、「F9同月複支給」ボタンをクリックし、特定の体系を更新させることができます。

ここもチェック！ ☑

社員の採用・退職、家族や支給額等に変更があるときは

給与計算を行う社員は、あらかじめ氏名や所属部課、給与振込先などの情報を登録しておく必要があります。こうした情報に変更がある場合、「11 社員別データ入力・計算（支給日の設定）」の画面の「採用・復職」「退職」「社員の家族・支給額等の変更」ボタンから、それぞれの登録情報を変更することができます。

社員の採用や社員の退職、社員や家族の情報に変更があるなどの場合は、「支給日」を入力した後、このボタンからも、登録情報の変更が可能です。

- 社員を採用したときは→82頁
- 社員が退職したときは→117頁
- 社員や家族情報等に変更があったときは→137頁

PX2 社員別データ入力・計算（支給日の設定） ― □ ×

ツール(T) お問合せ(Q) ヘルプ(H)

PX2 　　　　　　　　　　　　　　　　　戻 る　本日:R 2.11. 9(月) TKCシステムQ&A

令和 3 年 1 月分 給与　令和 3年 1月分の給与計算は全て完了（月次更新）　解説

給　与　体　系	支　　給　　日	要出勤日数	要出勤時間
001：役員報酬	令和 3 年 1 月 25 日		
002：正社員（販売）	令和 3 年 1 月 25 日	21.0	168.00
003：正社員（製造）	令和 3 年 1 月 25 日	21.0	168.00
004：パート	令和 3 年 1 月 25 日	13.0	78.00
005：アルバイト	令和 3 年 1 月 25 日		

採用・復職　　退職

社員の家族・支給額等の変更　　　給与データの入力(F4)　CSVファイルからデータ読込(F5)　キャンセル

▼退給等で、同月内の2回目以降の支給を行う場合は、「F9同月複支給」を押してください。

F1 修正　　　　　　　　　　　F4入力開始 F5データ読込　　　　F8部課要出勤 F9同月複支給　F10ルメニュー

プロからの実務上のアドバイス

● **社員や家族情報の登録内容はその都度、見直すことが大切**

前月と当月とで社員や家族情報などが異なるケースが考えられますので、しっかりその内容を確認するとともに、変更があった場合は、その都度、登録内容を見直すことが大切です。

I PX2の概要
II 給与計算の処理方法
III 賞与計算の処理方法
IV ライフイベント（採用・退職・結婚・出産等）ごとの手続き
V 月次更新（年次更新）処理の方法
VI 算定基礎届・月額変更届の作成

3 勤怠情報を入力するには

「2 今月の支給日を登録するには」の手順に続けて、勤怠情報の入力作業を行います。

① 「給与データの入力（F4）」をクリックします。

他社の勤怠管理システムの勤怠データを読み込むことができる

他社の勤怠管理システム（TimeP@CK）からの勤怠データをCSVファイルで読み込むことができます。「TimeP@CK」からの勤怠データの読み込みについてはTKC会計事務所へご相談ください。

また、支給・控除のデータについてもCSVファイルを読み込むことができます。

CSVファイルから読み込むには→332頁

保険料率の改定等に関するメッセージの表示機能

「給与データの入力（F4）」をクリック後、保険料率の改定や標準報酬月額の改定に関するメッセージが表示されることがあります。

お知らせメッセージが表示されたら→30頁

② この画面が表示されます。
「OK」をクリックします。

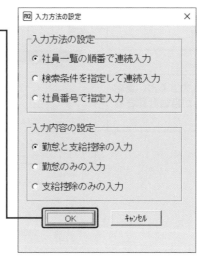

③ この画面が表示されますので、「一覧」をクリックします。

④ 「表示順」と「入力を開始する社員」を指定し、「OK」をクリックします。

タイムカード等の並びに合わせて設定しましょう。「表示順」で指定した順に入力できます。

Ⅰ PX2の概要

Ⅱ 給与計算の処理方法

Ⅲ 賞与計算の処理方法

Ⅳ ライフイベント（採用・退職・結婚・出産等）ごとの手続き

Ⅴ 月次更新（年次更新）処理の方法

Ⅵ 算定基礎届・月額変更届の作成

⑤ 勤怠項目を入力後、「支給へ」ボタンを
クリックします。

⑥ 「時間外手当時間」を入力すると、支給
項目の「時間外手当」が自動計算され
ます。

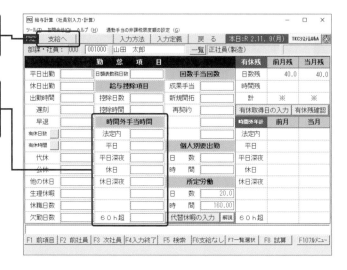

ここもチェック！

出勤時間の入力例

　出勤時間の入力の仕方は、以下の例を参考にしてください。ただし、時給で計算する場合は、この例には当てはまりません。TKC会計事務所へお問い合わせください。

例 ある月の勤務実績が以下の場合は、右の画面のように入力します。

● 出勤日数：20日

● 出勤時間：170時間

　うち、平日残業：8時間

　　　　平日深夜残業：2時間

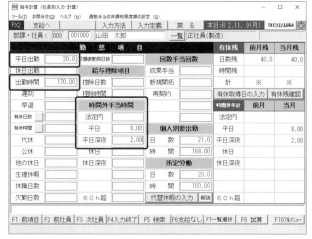

プロからの実務上のアドバイス

● 時間外手当の割増率と時間外手当労働時間の入力に注意

例 ある日の勤務が9時～23時の場合 （うち休憩1時間、所定労働時間は8時間）

①割増率をうち管理している場合

平日残業：	125%	→	5時間
平日深夜残業：	25%	→	1時間

②割増率をうち管理していない場合

平日残業：	125%	→	4時間
平日深夜残業：	150%	→	1時間

ここもチェック！ ✓

毎月入力する必要がない勤怠項目について

　毎月入力する必要がない勤怠項目については、「入力定義」をクリックし、表示される以下の画面でチェックを外します。これにより入力効率のアップにつながります。

① ここをクリックします。

② チェックを外した欄には、カーソルが移動しなくなります。

入力定義は体系ごとに保存されるよ！

I　PX2の概要

II　給与計算の処理方法

III　賞与計算の処理方法

IV　ライフイベント（採用・退職・結婚・出産等）ごとの手続き

V　月次更新（年次更新）処理の方法

VI　算定基礎届・月額変更届の作成

勤怠項目の名称の変更について

　勤怠項目は、給与計算に使用するため原則として名称を変更できませんが、以下の項目については変更できます。

　会社の給与規程に合わせて変更しましょう。

　①遅刻　②早退　③代休　④公休　⑤他の休日　⑥生理休暇　⑦休職日数

勤怠項目名を変更するには→297頁

これらの勤怠項目の名称は、変更することができます。

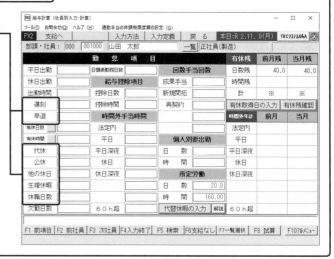

I PX2の概要
II 給与計算の処理方法
III 賞与計算の処理方法
IV ライフイベント（採用・退職・結婚・出産等）ごとの手続き
V 月次更新（年次更新）処理の方法
VI 算定基礎届・月額変更届の作成

4 支給・控除を入力するには

「**3** 勤怠情報を入力するには」の⑤の手順に続けて、次のとおりに進めていきます。

支給・控除項目名の下に、「固」や「変」といった文字が表示されています。これは各項目の属性を表します。設定できる属性と表示される文字は次の一覧のとおりです。

項目属性	文字
固定	固
準固定	準
変動	変
比例	比または60
日給	日
時給	時
割合	割
現物	現
計算式	式
同額控除	同
内訳項目を集計	内

※数量の入力区分が、「数量」の場合は「比」、「時間」の場合は「60」と表示されます。

なお、支給・控除項目のタイトルをクリックすると、項目属性の詳細を確認できます。

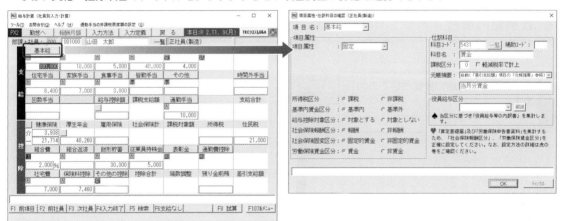

（1）支給項目を入力するには

■ 固定給の場合

前月入力した金額が表示されます。

支給額に変更がなければ入力不要です。前回入力した金額になります。

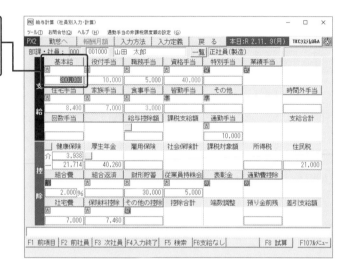

■ 比例給の場合

❶ **勤務時間を比例給の数量として入力します。**

支給額は［単価×数量］で自動計算されます。

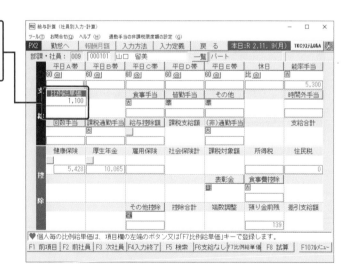

② 比例給の単価は、「@」ボタンから変更できます。

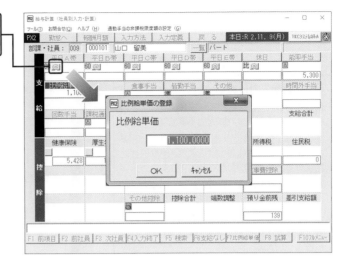

■ 時給の場合

時給単価を入力します。

支給額は、[単価×出勤時間]で自動計算されます。

出勤時間は、勤怠項目で入力します。

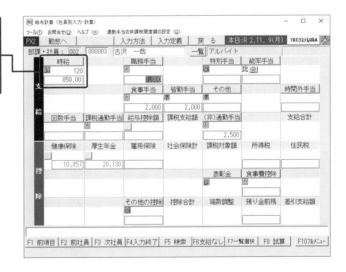

Ⅰ PX2の概要

Ⅱ 給与計算の処理方法

Ⅲ 賞与計算の処理方法

Ⅳ 結婚・出産等ライフイベント（採用・退職・）ごとの手続き

Ⅴ 月次更新（年次更新）処理の方法

Ⅵ 算定基礎届・月額変更届の作成

■ 日給の場合

日給単価を入力します。

前月入力した日給単価が表示されますので、日給単価に変更がなければ入力不要です。

支給額は、[日給単価×出勤日数]で自動計算されます。会社情報の設定により、出勤日数に含まれる日数は、次のとおりとなります。

- **「有休を出勤日数に含めて計算」の場合**
  出勤日数＝平日出勤・休日出勤・有給休暇・代替休暇の合計日数
- **「有休を出勤日数に含めないで計算」の場合**
  出勤日数＝平日出勤・休日出勤の合計日数

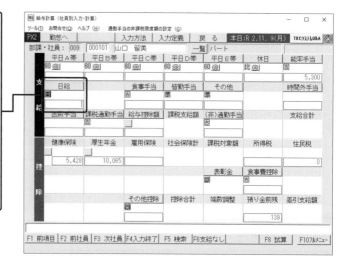

■ 変動給の場合

支給額を入力します。

変動給の場合、前月入力した金額は引き継がれません。支給がある月は、入力が必要です。

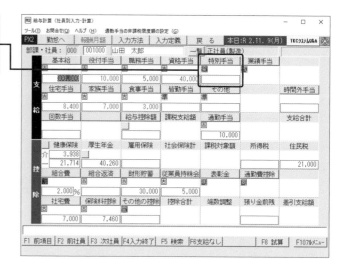

■ 計算式の場合

入力不要です。
支給額は、給与体系情報の設定に基づき、自動計算されます。

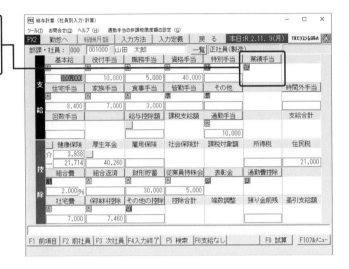

PX2の時間外手当の計算式

PX2の時間外手当は次の計算式で計算しています。

(1) 日給・時給以外の場合

（基準内賃金合計額／所定労働時間）×（時間外手当掛率/100）× 時間外手当時間

(注) ①基準内賃金合計額は、日給または時給の属性が設定されている項目は含みません。
②端数処理は、給与体系情報の「端数処理方法」の設定に基づき行います。

(2) 日給の場合

（日給単価×所定労働日数／所定労働時間）×（時間外手当掛率／100）× 時間外手当時間

(注) ①日給単価は、項目属性が「基準内賃金」と設定されているものに限ります。
②日給単価は、［給与（賞与）］タブの「11 社員別データ入力・計算」または「12 項目別データ入力・計算」で入力します。

(3) 時給の場合

時給単価 ×（時間外手当掛率／100）× 時間外手当時間

(注) ①時給単価は、項目属性が「基準内賃金」と設定されているものに限ります。
②時給単価は、［給与（賞与）］タブの「11 社員別データ入力・計算」または「12 項目別データ入力・計算」で入力します。

I PX2の概要
II 給与計算の処理方法
III 賞与計算の処理方法
IV ライフイベント（採用・退職・結婚・出産等）ごとの手続き
V 月次更新（年次更新）処理の方法
VI 算定基礎届・月額変更届の作成

もし自動計算された時間外手当が検算結果と違っていたら

　PX2を使い始めたときに、自動計算された時間外手当が検算した結果と違っていたら、以下の設定を確認してみましょう。

(1) 端数処理の設定はどうか

　　[会社情報] タブの「9　給与体系情報」の [端数処理] タブの端数処理方法を選択します。

　　時間外手当の単価（基準内賃金合計額／所定労働時間）の端数処理方法と、時間外手当の総額の端数処理方法の2つの設定がありますので、この両方を確認しましょう。

(2) 各支給項目（手当）は基準内賃金かどうか

　　[会社情報] タブの「9　給与体系情報」で給与体系を選択し、「勤怠支給控除項目の設定へ」をクリックします。支給・控除項目の一覧が表示されますので、1つひとつの支給項目（手当）について、基準内賃金区分の設定が正しいかを確認しましょう。

(3) 所定労働時間（所定労働日数）の入力内容と参照先はどうか

　　①所定労働時間（所定労働日数）の入力内容が正しいかを確認しましょう。

　　②所定労働時間（所定労働日数）の参照先が正しいかを確認しましょう。

　　参照先は、[社員情報] タブの「1　社員情報確認・修正」の [支給額等] タブで確認します。

---

(2) 控除項目を入力するには

控除額を入力します。

社会保険料、雇用保険料、所得税は自動計算されます。住民税は、予約入力していれば、予約入力した金額が自動表示されます。

その他の控除がある場合は、入力します。控除額の場合も、支給額と同様に「固定」「変動」「計算式」等の設定があり、設定により入力する内容が異なります。

住民税の予約入力→337頁

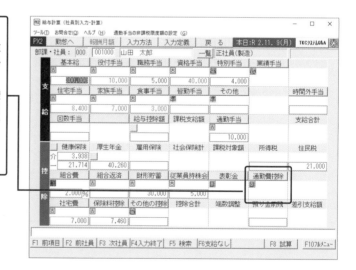

Ⅰ PX2の概要
Ⅱ 給与計算の処理方法
Ⅲ 賞与計算の処理方法
Ⅳ ライフイベント（採用・退職・結婚・出産等）ごとの手続き
Ⅴ 月次更新（年次更新）処理の方法
Ⅵ 算定基礎届・月額変更届の作成

プロからの実務上のアドバイス

●新入社員の初回給与を支給する際の社会保険料の取り扱い

社会保険料は、給与処理開始後、最初に支給する給与から控除されます。新たに入社した社員へ同月中に初回の給与を支給する場合、社会保険料は、控除項目の入力画面で消去してください。

ここもチェック！

社会保険料の差額を調整したい場合は

当月の給与処理時に、前月の給与処理時に標準報酬月額を更新し忘れていた等の理由で、社会保険料の差額を調整したい場合があるでしょう。

この場合は、健康保険または厚生年金の「□」ボタンをクリックすると、以下の画面が表示されます。ここで、「調整額」欄に差額を入力します。

この「□」ボタンが表示されない場合は、TKC会計事務所にお問い合わせください。

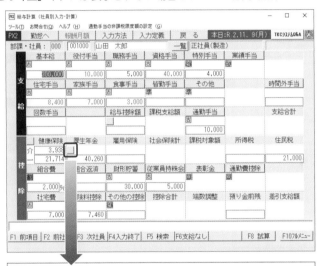

	保険料（調整前） （A）	調整額 （B）	保険料（調整後） （A＋B）
健康保険（介護）	3,938		3,938
健康保険（一般）	21,714		21,714
厚生年金基金			
厚生年金	40,260		40,260

♠1.「保険料（調整前）」欄には、システムに登録されている標準報酬月額に基づき自動計算した金額を表示しています。

♠2.「調整額」欄に入力した金額は、当月分の社会保険料からのみ加算・減算されます。

♠3.「調整額」を入力した場合、「保険料（調整後）」欄の金額は青字になります。

OK　キャンセル

●翌月に所得税の差額を加減したい場合

　所得税についても、家族情報の登録漏れ等の理由で、翌月に差額を加減したい場合が出てきます。

　この場合も、社会保険料と同様に、「入力定義」で所得税を「入力可」（チェックあり）としてください。

　なお、社会保険料と異なり、所得税は直接入力します。差額を加減した後の金額を入力してください。

**ここも
チェック！**

毎月、定額の保険料を控除するための設定の仕方

　協会けんぽのような「標準報酬月額×保険料率」で保険料を求める健康保険ではなく、医師国保などのように定額を控除する国民健康保険に加入の場合、以下のとおり設定することで、毎月定額の保険料を控除することができます。

❶ **[補助機能] タブを選択し、ここをクリックします。**

キーボード：51＋Enterキー

❷ **この画面が表示されます。**

「社会保険料額の訂正（入力）方法の設定」で、「B：社会保険料額を直接入力し、翌月以降も当該社会保険料額で給与計算する」を選択します。

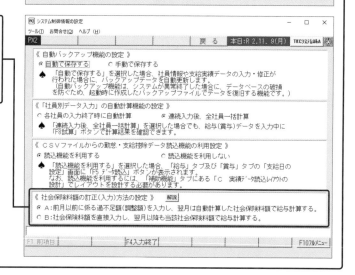

（3）支給・控除項目の入力が終了したら

❶ 支給・控除の入力を終えたら、「F4入力終了」ボタンをクリックします。

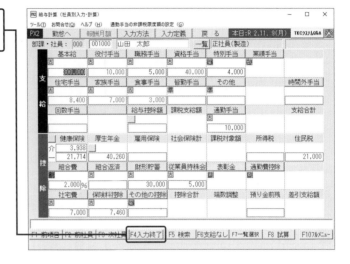

❷ 計算結果が表示されます。

正常に処理された場合は、この画面が表示されます。支給額・控除額・差引支給額等を確認します。

I PX2の概要
II 給与計算の処理方法
III 賞与計算の処理方法
IV ライフイベント（採用・退職・結婚・出産等）ごとの手続き
V 月次更新（年次更新）処理の方法
VI 算定基礎届・月額変更届の作成

●エラーや注意等が表示された場合、メッセージを確認します。「警告内容印刷」から注意・警告内容を印刷できます。

③ 次の社員を入力するには、「F3次社員」をクリックします。入力を終了するには、「F10フルメニュー」をクリックします。

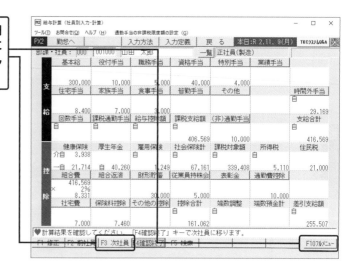

I PX2の概要

II 給与計算の処理方法

III 賞与計算の処理方法

IV ライフイベント（採用・退職・結婚・出産等）ごとの手続き

V 月次更新（年次更新）処理の方法

VI 算定基礎届・月額変更届の作成

ここもチェック！

変更の必要がない毎月支給額の項目について

　　毎月支給額において変更の必要がない項目については、「入力定義」をクリックし、表示される画面でチェックを外します。

　　これにより、カーソルが移動しないようにできます。

①「入力定義」をクリックします。

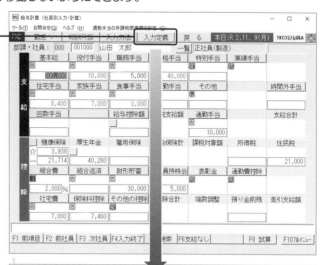

②「□入力」のチェックを外した欄には、カーソルが移動しません。

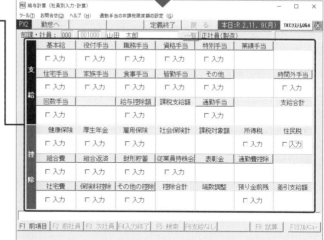

プロからの実務上のアドバイス

●社員ごとに入力し、一括計算もできる

　　社員ごとに入力、計算、計算結果の確認、という流れは、確実ではありますが煩雑な側面もあります。PX2では、設定により、社員ごとに入力し、一括で計算することもできます。

　　この設定は、[補助機能]タブの「51　システム制御情報の設定」の「「社員別データ入力」の自動計算機能の設定」になります。一括で計算する場合は設定を変えてみましょう。

■ お知らせメッセージが表示されたら

(1) 社会保険の標準報酬月額改定のお知らせ

　毎月の給与データの入力を開始する際、この
メッセージが表示される場合があります。

　このメッセージは、社会保険の標準報酬月額の
改定時期が到来したことを表します。

　PX2では、事前の設定に基づき、標準報酬月
額の改定時期を自動判定します。

　　※休日等の都合で支給日を前月に前倒しする場合等によ
　　り、標準報酬月額の改定月の支給日がない場合、当該
　　メッセージが表示されないこととなりますのでご注意
　　ください。

標準報酬月額の改定時期が到来したら→183・207頁

社会保険　標準報酬月額の改定

 社会保険の標準報酬月額を改定してください。

　定時決定(算定基礎届)に基づく、標準報酬月額の改定時期が到来しました。
　年金事務所発行の「標準報酬決定通知書」の内容と、社保労保タブ「3 標準報酬月額確認表」の内容を確認し、「4 標準報酬月額の定時決定」で各社員の標準報酬月額を改定してから給与計算を行ってください。

[　OK　]
　　　　　　　　　　　　　　　　　　　[PX]

(2) 健康保険料率改定のお知らせ

　毎月の給与データの入力を開始する際、この
メッセージが表示される場合があります。

　このメッセージは、健康保険料率の改定時期が
到来したことを表します。

　PX2では、事前の設定に基づき、保険料率の
改定時期を自動判定し、保険料率を更新します。

　　※健康保険組合の場合は、保険料率は自動で更新されま
　　せん。

社会保険の確認

 ＜「健康保険料率」改定のお知らせ＞

健康保険料率の改定月が到来しました。

　今回の給与(賞与)から健康保険料率が1000分の49.350(従業員負担分)(東京都)となります。
　システムでは自動的に健康保険料率を改定し、新しい健康保険料率に基づいて健康保険料を計算します。

＜「介護保険料率」改定のお知らせ＞

介護保険料率の改定月が到来しました。

　今回の給与(賞与)から介護保険料率が1000分の8.950(従業員負担分)となります。システムでは自動的に介護保険料率を改定し、新しい介護保険料率に基づいて介護保険料を計算します。

[　OK　]
　　　　　　　　　　　　　　　　　　　[PX]

勤怠情報と支給・控除の入力は項目別でも可能

勤怠情報と支給・控除の入力は、項目別（社員一覧形式）でも入力できます。

① [給与] タブを選択します。

② ここをクリックします。
キーボード：12＋Enterキー

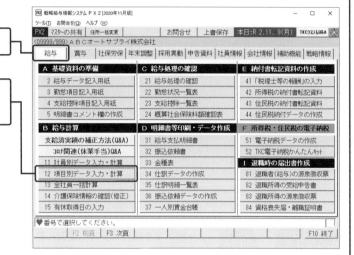

戦略給与情報システム ＰＸ２ [2020年11月版]

ツール(T)　お問合せ(Q)　ヘルプ (H)

PX2　マスターの共有　住所一括変更　　　お問合せ　上書保存　本日:R 2.11. 9(月)　TKCシステムQ&A

<09999/999>ＡＢＣオートサプライ株式会社

給与｜賞与｜社保労保｜年末調整｜採用異動｜申告資料｜社員情報｜会社情報｜補助機能｜戦略情報

A 基礎資料の準備	C 給与処理の確認	E 納付書転記資料の作成
2 給与データ記入用紙	21 給与処理の確認	41「税理士等の報酬」の入力
3 勤怠項目記入用紙	22 勤怠状況一覧表	42 所得税の納付書転記資料
4 支給控除項目記入用紙	23 支給控除一覧表	43 住民税の納付書転記資料
5 明細書コメント欄の作成	24 概算社会保険料額確認表	44 住民税納付データの作成
B 給与計算	**D 明細書等印刷・データ作成**	**F 所得税・住民税の電子納税**
支給済実績の補正方法(Q&A)	31 給与支払明細書	51 電子納税データの作成
コロナ関連(休業手当)Q&A	32 振込依頼書	52 TKC電子納税かんたんキット
11 社員別データ入力・計算	33 金種表	**I 退職時の届出書作成**
12 項目別データ入力・計算	34 仕訳データの作成	81 退職者(給与)の源泉徴収票
13 全社員一括計算	35 仕訳明細一覧表	82 退職所得の受給申告書
14 介護保険情報の確認(修正)	36 振込依頼データの作成	83 退職所得の源泉徴収票
15 有休取得日の入力	37 一人別賃金台帳	84 資格喪失届・離職証明書

♥番号で選択してください。

F2 前頁　｜　F3 次頁　　　　　　　　　　　　　　　　　　　F10 終了

③ 給与の支給日を入力し、「給与データの入力 (F4)」をクリックします。

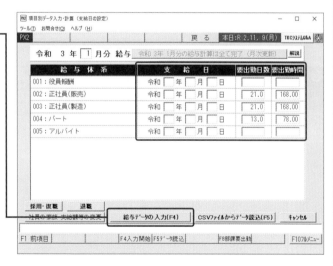

項目別データ入力・計算 (支給日の設定)

ツール(T)　お問合せ(Q)　ヘルプ (H)

PX2　　　　　　　　　　　　　　　　　戻 る　本日「R 2.11. 9(月)」TKCシステムQ&A

令和 3 年 1 月分 給与　令和 3年 1月分の給与計算は全て完了（月次更新）　解説

給 与 体 系	支 給 日	要出勤日数	要出勤時間
001：役員報酬	令和 □ 年 □ 月 □ 日		
002：正社員(販売)	令和 □ 年 □ 月 □ 日	21.0	168.00
003：正社員(製造)	令和 □ 年 □ 月 □ 日	21.0	168.00
004：パート	令和 □ 年 □ 月 □ 日	13.0	78.00
005：アルバイト	令和 □ 年 □ 月 □ 日		

採用・復職　　退職　　　給与データの入力(F4)　CSVファイルからデータ読込(F5)　キャンセル

社員の家族 失給額等の変更

F1 前項目　　　　　　　F4入力開始 F5データ読込　　　F8部課要出勤　　　F10フルメニュー

④ この画面が表示されます。
一覧形式で入力する体系を指定し、「OK」をクリックします。

入力対象社員の指定　　　　　　　　　　　　　×

給与体系の指定
□□□□　　一覧

指定した体系内での入力対象社員の絞り込み
⦿ すべての社員
○ 部課を指定　　一覧　（ 0/ 6部課）
○ 社員を指定　　一覧　（ 0/ 12人）
○ 社員番号で指定　□□□ ～ □□□

OK　　キャンセル

I PX2の概要
II 給与計算の処理方法
III 賞与計算の処理方法
IV ライフイベント（結婚・出産等）ごとの手続き（採用・退職・結婚・出産等）ごとの手続き
V 月次更新（年次更新）処理の方法
VI 算定基礎届・月額変更届の作成

31

❺ この画面が表示されます。

体系ごとに登録が可能です。

この選択は、変更されるまで継続されます。

**プロからの
実務上の
アドバイス**

●表示する項目は多めに定義しておくこと

定義した並び順は、上下での入れ替えができないので、挿入したい場所までいったん全部取り消すことになります。

表示する項目は、多めに定義しておく方が後々の手間を減らせるでしょう。

❻ この画面が表示されるので、勤怠、支給・控除のデータを入力します。

**プロからの
実務上の
アドバイス**

●カーソル移動の効率化について

「F8入力方向」もしくは「　」でカーソルの移動する順番を縦（↓）横（→）に切り替えられます。

これを上手く使って、入力効率をアップさせましょう。

休職などで社員に給与を支給しない場合は

　休職などの理由により、当該社員の給与を支給しない場合には、「F6支給なし」ボタンをクリックします。

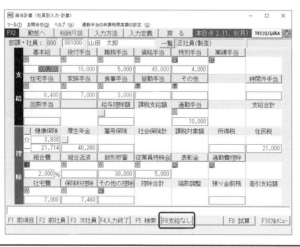

Ⅰ PX2の概要

Ⅱ 給与計算の処理方法

Ⅲ 賞与計算の処理方法

Ⅳ ライフイベント（採用・退職・結婚・出産等）ごとの手続き

Ⅴ 月次更新（年次更新）処理の方法

Ⅵ 算定基礎届・月額変更届の作成

5 給与処理と結果の確認をするには

ここでは、給与処理とその結果の確認方法について解説します。

（1）給与処理と結果を確認するには

① [給与]タブを選択します。

② ここをクリックします。

キーボード：13＋Enterキー

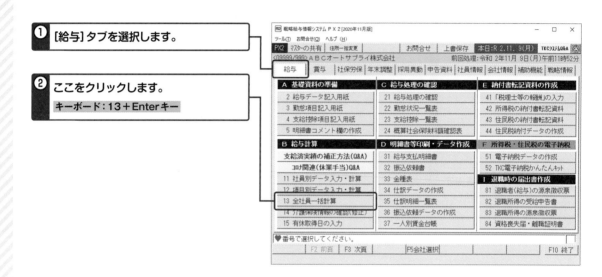

③ 給与を計算する体系を指定します。

指定した給与体系は青色反転します。「F6 全選択」で全体系を指定できます。

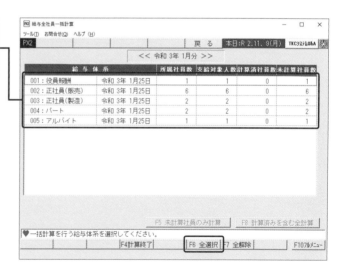

I PX2の概要

II 給与計算の処理方法

III 賞与計算の処理方法

IV ライフイベント（採用・退職・結婚・出産等）ごとの手続き

V 月次更新（年次更新）・処理の方法

VI 算定基礎届・月額変更届の作成

④ **「F5 未計算社員のみ計算」をクリックします。**

計算済みの社員を含めて再度計算しなおす場合は、「F8計算済みを含む全計算」をクリックします。

⑤ **エラーや注意に該当する社員がいる場合、計算結果（概要）が表示されます。**

「はい」をクリックします。

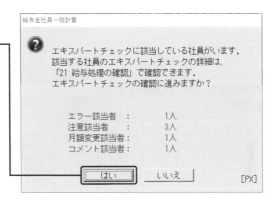

⑥ **社員別に計算結果の確認画面が表示されます。**

次の区分で計算結果が表示されます。

①エラー ：入力に不備があるため計算していません。

②注意 ：計算していますが、内容の確認（修正）が必要です。

③要変更届：月額変更届の提出要否の確認が必要です。

④コメント：計算していますが、内容の確認が必要です。

「月額変更届」を作成するには→187頁

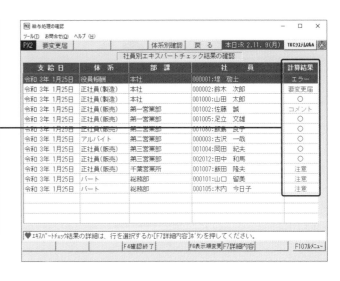

（2）勤怠状況を確認するには

❶ [給与]タブを選択します。

❷ ここをクリックします。
キーボード：22＋Enterキー

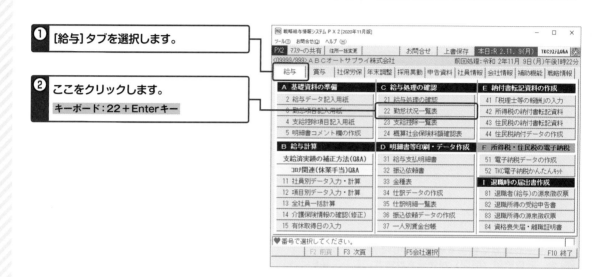

❸ この画面が表示されます。印刷順など
を指定して印刷します。

「記憶」ボタンを活用すれば、
毎回、設定しなくていいから
便利だよ！

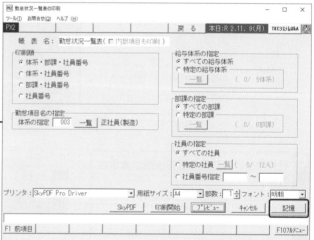

（3）支給・控除の内容を確認するには

❶ [給与] タブを選択します。

❷ ここをクリックします。

> キーボード：23＋Enter キー

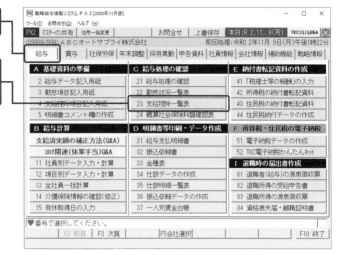

❸ この画面が表示されます。印刷順など
を指定して印刷します。

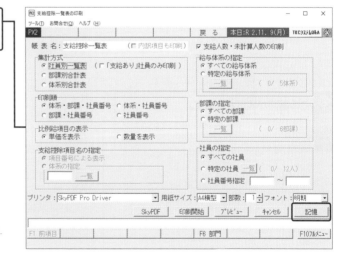

「記憶」ボタンを活用すれば、
毎回、設定しなくていいから
便利だよ！

**プロからの
実務上の
アドバイス**

● **「社員別一覧表」の最後の合計頁を体系の項目名で表示したい場合**

「社員別一覧表」を「体系・部課・社員番号」や「体系・社員番号」で印刷
すると、最後の合計頁は項目名で表示されます。

最後の合計頁も、いずれかの体系の項目名で表示したい場合は、部課・社
員番号や社員番号で印刷し、確認するようにしましょう。

これらの印刷順を指定すると、「支給控除項目名の指定」欄で、表示させた
い体系の項目名で印刷されます。

Ⅰ PX2の概要
Ⅱ 給与計算の処理方法
Ⅲ 賞与計算の処理方法
Ⅳ ライフイベント（採用・退職・結婚・出産等）ごとの手続き
Ⅴ 月次更新（年次更新）処理の方法
Ⅵ 算定基礎届・月額変更届の作成

6 「給与支払明細書」を印刷・交付するには

　ここでは、「給与支払明細書」の印刷・交付の方法、また、Webで交付する場合（PX まいポータルを利用）について解説します。

（1）「給与支払明細書」を印刷するには

① [給与] タブを選択します。

② ここをクリックします。
キーボード：31＋Enterキー

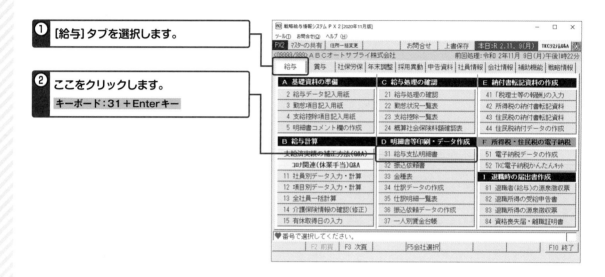

③ この画面が表示されます。
印刷内容を指定し、「印刷開始」をクリックします。

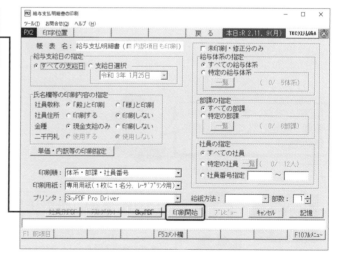

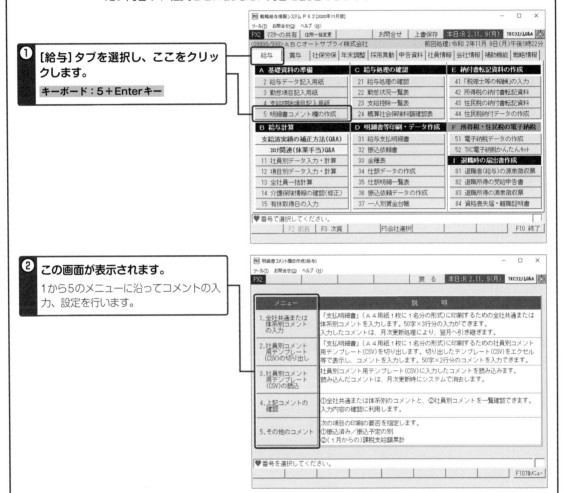

ここも チェック！ 「給与支払明細書」にコメントを記入したい場合は

「給与支払明細書」（1枚に1名分）の余白に、コメントを印刷できます。全従業員へ伝えたい内容や、社員ごとに伝えたい内容を設定できます。

① [給与]タブを選択し、ここをクリックします。
キーボード：5＋Enterキー

② この画面が表示されます。
1から5のメニューに沿ってコメントの入力、設定を行います。

(2)「給与支払明細書」を Web で交付（PX まいポータルを利用）する場合は

　このサービスを利用するには、「PXまいポータル」の申込みが必要となります。TKC会計事務所にご相談ください。

❶ 前述の③（38頁）に代えて、この画面が表示されます。

Webで「給与支払明細書」を配付する社員を指定し、通知メールの送信日時を設定して「アップロード」をクリックします。

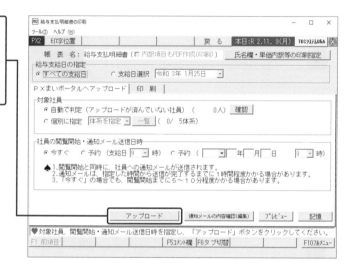

❷ アップロードしない（紙で配付する）社員については［印刷］タブを選択します。

対象社員や印刷順などを指定し、「印刷開始」をクリックします。

7 給与振込依頼をするには

ここでは、「給与振込依頼書」の印刷方法や銀行振込依頼データの作成方法について解説します。

（1）「給与振込依頼書」を印刷するには

① [給与] タブを選択します。

② ここをクリックします。
キーボード：32＋Enterキー

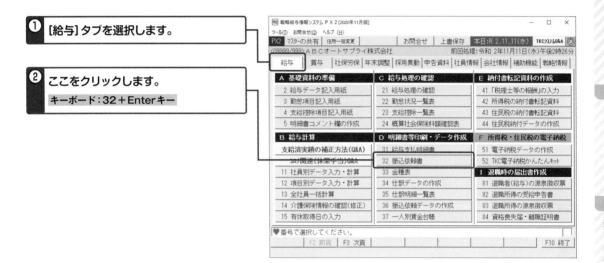

③ この画面が表示されます。

銀行・支店の一覧から銀行等を指定し、「印刷開始」をクリックします。

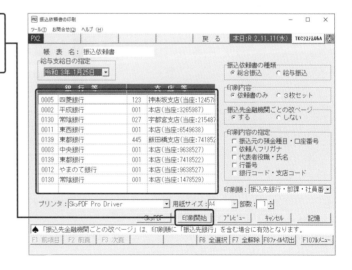

I PX2の概要
II 給与計算の処理方法
III 賞与計算の処理方法
IV ライフイベント（採用・退職・結婚・出産等）ごとの手続き
V 月次更新（年次更新）処理の方法
VI 算定基礎届・月額変更届の作成

（2）銀行振込依頼データを作成する場合は

① [給与]タブを選択します。

② ここをクリックします。

キーボード：36＋Enterキー

③ この画面が表示されます。

銀行・支店の一覧から振込先の銀行等を指定し、「銀行振込用ディスクの作成」をクリックします。

銀振フォーマットを「登録済」にするには→293頁

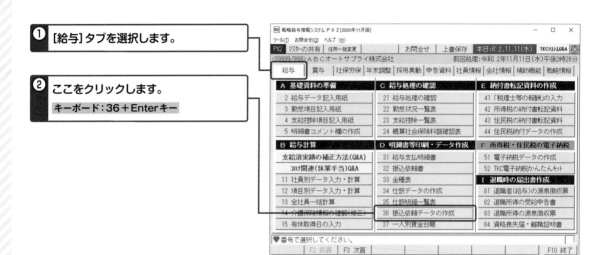

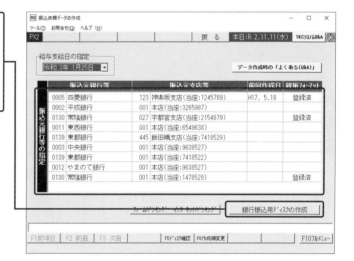

ここもチェック！

インターネット・バンキング（IB）による給与振込依頼

　給与振込はインターネット・バンキング（IB）でも行うことができます。当機能を利用するには、別途オプションシステム（インターネット・バンキング連動システム）の申し込みが必要です。詳しくはTKC会計事務所へご相談ください。

① [給与]タブを選択します。

② ここをクリックします。
キーボード：36＋Enterキー

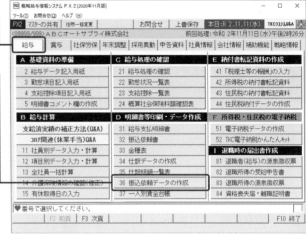

③ この画面が表示されます。
銀行・支店の一覧から振込先の銀行等を指定し、「ファームバンキング・インターネットバンキング」をクリックします。

銀振フォーマットを「登録済」にするには→293頁

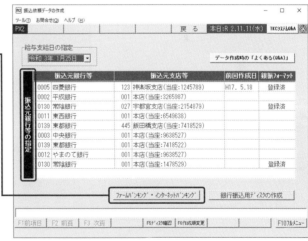

プロからの実務上のアドバイス

●インターネット・バンキング連動システムの活用メリット①
　インターネット・バンキング連動システムを利用すると、拗音（小さいヤユヨツ）を自動的に大文字に置き換えてデータを作成できます。

43

給与を現金で支給するとき

給与を現金で社員に支給する場合は次のように作業を進めます。

❶ [給与] タブを選択します。

❷ ここをクリックします。
キーボード：33＋Enterキー

❸ この画面が表示されます。
「印刷開始」をクリックします。

金種表を印刷すると、紙幣や
硬貨を何枚用意すればよいか
一目でわかるよ！

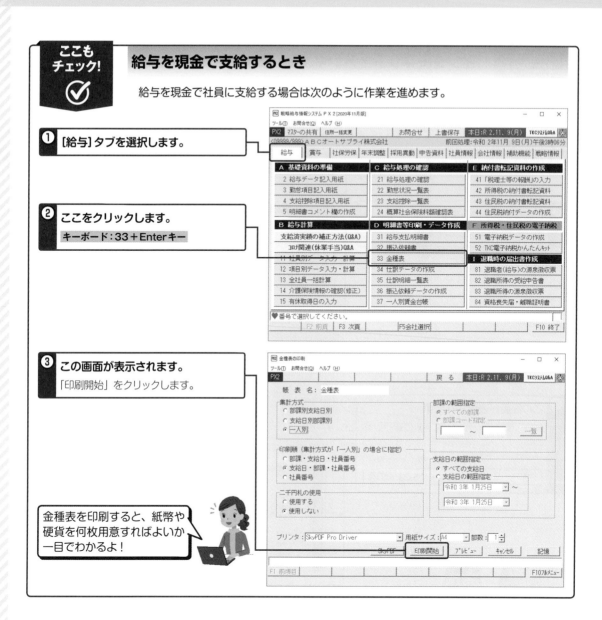

8 所得税を納付するには

ここでは、所得税の納付にともなう業務について解説します。

① [給与] タブを選択します。

② ここをクリックします。
キーボード：42＋Enter キー

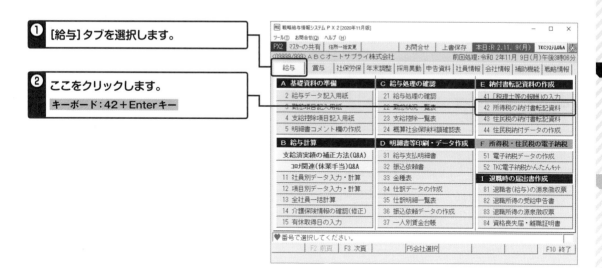

③ この画面が表示されます。
「納付対象月（期間）」を指定し、「OK」を
クリックします。

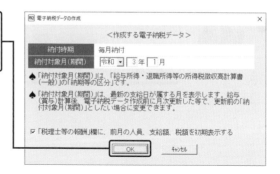

**プロからの
実務上の
アドバイス**

● **「納付対象月（期間）」の年月は直接入力で変更できる**
「納付対象月（期間）」の年月は、直接入力して変更できます。前年以前の
納付税額の集計を忘れてしまった場合は、この画面で「納付対象月」を変更
しましょう。

I PX2の概要
II 給与計算の処理方法
III 賞与計算の処理方法
IV ライフイベント（採用・退職・結婚・出産等）ごとの手続き
V 月次更新（年次更新）処理の方法
VI 算定基礎届・月額変更届の作成

④ この画面が表示されます。「退職手当等」や「税理士等の報酬」などを入力後、紙を印刷する場合は「F4印刷」をクリックします。

「源泉所得税納付書」への転記資料を印刷できます。

このボタンをクリックすると電子納税連動データを作成できます。

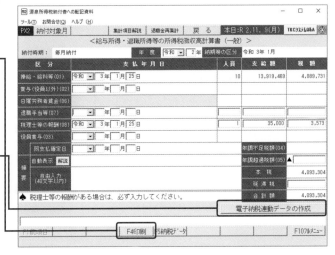

※別途オプションシステム（TKC電子納税かんたんキット）を申し込むと、所得税を電子納税できます。詳しくはTKC会計事務所にご相談ください。

●給与を支給する社員に「非居住者」に該当する人がいる場合

給与を支給する社員の中に「非居住者」に該当する人がいる場合は、印刷した「源泉所得税の納付書への転記資料」の「注3」の記載をチェックします。

ここに、社員情報で税表区分を「非居住者」と設定している方の人数、支給額および税額が参考表示されます。この参考表示をもとに非居住者用の所得税の納付書を作成します。

「41 「税理士等の報酬」の入力」について

　所得税の納付書には、「税理士等の報酬（08）」欄があります。税理士や弁護士、社労士等に支払った報酬を記載するわけですが、支払先ごとに内訳を登録して管理したい場合もあるでしょう。その場合は、以下の画面の「41「税理士等の報酬」の入力」をクリックして入力します。

　このメニューを利用するには事前の設定が必要です。詳しくはTKC会計事務所へお問い合わせください。

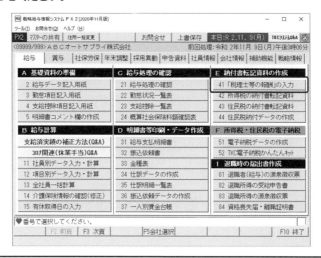

I　PX2の概要

II　給与計算の処理方法

III　賞与計算の処理方法

IV　ライフイベント（採用・退職・結婚・出産等）ごとの手続き

V　月次更新（年次更新）処理の方法

VI　算定基礎届・月額変更届の作成

源泉所得税の「納期の特例」を受けている場合は

　源泉所得税の「納期の特例」を受けている場合、「納付対象月（期間）」や納付税額の集計は期間ごとになります。

　「納期の特例」の適用を受ける設定は、［会社情報］タブで設定できます。

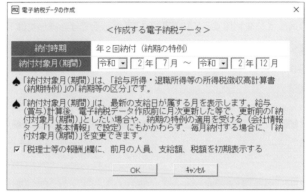

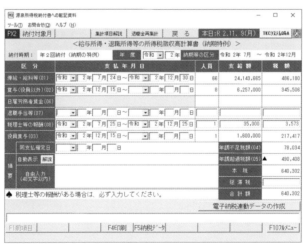

9 住民税を納付するには

ここでは、住民税の納付にともなう業務について解説します。

プロからの実務上のアドバイス

●**各社員の住民税額を一括で予約しておくと便利**
　毎年5月に市区町村から通知される、各社員の住民税額を一括で予約入力しておくことで、毎月の給与から住民税額が控除されます。また、以下のとおり毎月の納付税額を印刷、確認できます。

❶ [給与]タブを選択します。

❷ ここをクリックします。
　キーボード：43＋Enterキー

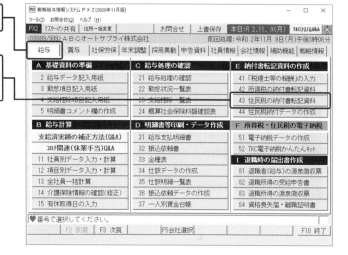

❸ この画面が表示されます。
　印刷範囲や社員明細を指定し、「印刷開始」をクリックします。

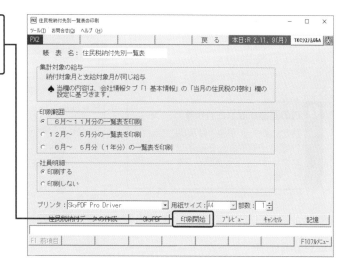

I PX2の概要
II 給与計算の処理方法
III 賞与計算の処理方法
IV ライフイベント（採用・退職・結婚・出産等）ごとの手続き
V 月次更新（年次更新）処理の方法
VI 算定基礎届・月額変更届の作成

プロからの実務上のアドバイス

● **住民税額をIBで納付するためのデータを作成できる**

　PX2では、住民税額をインターネット・バンキング（IB）で納付する際の納付データを作成できます。なお、住民税額のIBでの支払いは、銀行が行っているサービスです。サービスの有無や内容、料金等の詳細は、各銀行へお問い合わせください。

| 住民税振込フォーマット情報の登録→294頁 |

| 住民税をインターネット・バンキングで納付するには→336頁 |

ここもチェック！

住民税の電子納税

　別途オプションシステム（TKC電子納税かんたんキット）を申し込むと、地方税の共通納税システムに基づいて、住民税を電子納税できます。

① TKC電子納税かんたんキットを申し込み、利用開始している場合、ここから電子納税データを作成します。

キーボード：51＋Enterキー

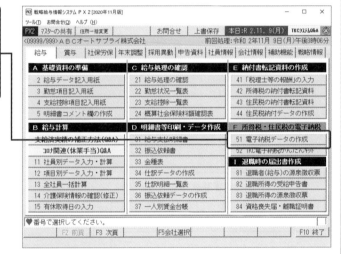

② この画面が表示されます。

選択により、所得税と住民税について、TKC電子納税かんたんキットで電子納税するための連動データを一度に作成できます。

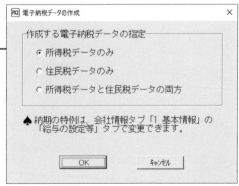

　上記のインターネット・バンキングとの違いなど、詳しくはTKC会計事務所にご相談ください。

社会保険料額を確認するには

ここでは、社会保険料額の確認方法について解説します。

① [給与] タブを選択します。

② ここをクリックします。

キーボード：24＋Enter キー

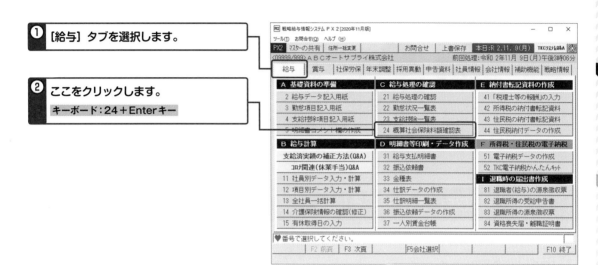

③ この画面が表示されます。

集計方式や範囲を指定し、「印刷開始」をクリックします。

プロからの実務上のアドバイス

● 概算社会保険料額と納付見込額の確認表の活用
　印刷した確認表をもとに、事業主負担分の社会保険料額の仕訳を未払計上したり、年金事務所から送付された納付書との突き合わせをしたりします。

I　PX2の概要
II　給与計算の処理方法
III　賞与計算の処理方法
IV　ライフイベント（採用・退職・結婚・出産等）ごとの手続き
V　月次更新（年次更新）処理の方法
VI　算定基礎届・月額変更届の作成

11 退職した社員の書類作成をするには

　退職する社員がいる場合、退職処理を実行します。その後、「源泉徴収票」を交付します。あわせて、健康保険・厚生年金保険や雇用保険の「資格喪失届」を作成し、提出します。

プロからの実務上のアドバイス

●退職者の「源泉徴収票」を印刷する際の留意点

　退職者の「源泉徴収票」を印刷するためには、あらかじめ社員の退職処理を実行し、退職者に支給する最後の給与（賞与）の計算を終わらせておくことが必要です。

> 社員の退職処理をするには→122頁

（1）「源泉徴収票」を交付するには

❶ [給与]タブを選択します。

❷ ここをクリックします。
キーボード：81＋Enterキー

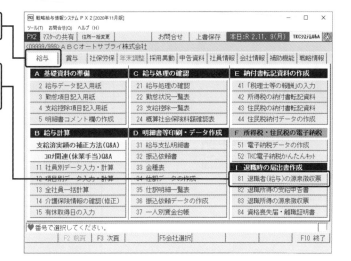

③ この画面が表示されます。

<退職者の一覧>で印刷する社員を選択（反転）し、「印刷開始」をクリックします。

プロからの実務上のアドバイス

● <退職者の一覧>に印刷したい社員が表示されない場合

画面にある<退職者の一覧>に印刷したい社員が表示されない場合は、まずは「表示対象」を「当月退職者」から「全退職者」に切り替えてみましょう。それでも表示されない場合、退職日だけが登録されていて、退職処理が実行されていない状態です。退職処理ができているかどうかを確認しましょう。また、最後の給与（賞与）の支給が計算済みかどうかも確認してください。

（2）退職金を支払うとき

❶ [給与]タブを選択します。

❷ ここをクリックします。

キーボード：82＋Enterキー

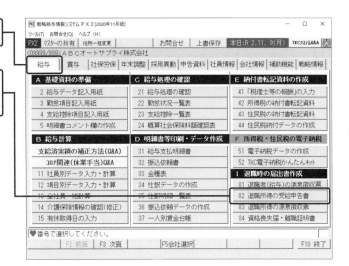

I PX2の概要

II 給与計算の処理方法

III 賞与計算の処理方法

IV ライフイベント（採用・退職・結婚・出産等）ごとの手続き

V 月次更新（年次更新）処理の方法

VI 算定基礎届・月額変更届の作成

③ **この画面が表示されます。**

＜退職者の一覧＞で印刷する社員を選択
（反転）し、「印刷開始」をクリックして、
退職所得の受給に関する申告書を印刷して
おきます。

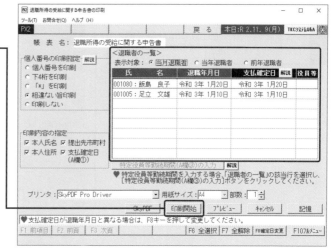

④ **次に、[給与]タブのここをクリックし
ます。**

キーボード：83＋Enterキー

⑤ **この画面が表示されますので、ここを
クリックします。**

⑥ 一覧画面が表示されます。

一覧画面から、退職金を支払う社員を選択（青色反転）し、ここをクリックします。

⑦ この画面が表示されます。

住所や役職名、退職金を入力します。源泉所得税や住民税額は自動計算されます。

この社員の「退職所得の源泉徴収票」を印刷するときは、ここをクリックします。

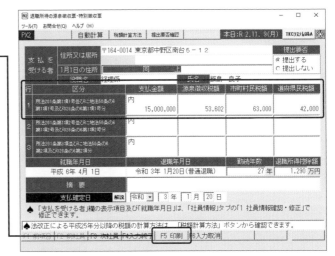

プロからの実務上のアドバイス

● 「就職年月日」は［社員情報］タブから入力

「退職所得の源泉徴収票・特別徴収票」画面にある「就職年月日」は、［社員情報］タブで登録している「入社日」から複写されています。この「就職年月日」が入っていない場合は［社員情報］タブからその情報を入力しておきましょう。

I PX2の概要
II 給与計算の処理方法
III 賞与計算の処理方法
IV ライフイベント（採用・退職・結婚・出産等）ごとの手続き
V 月次更新（年次更新）処理の方法
VI 算定基礎届・月額変更届の作成

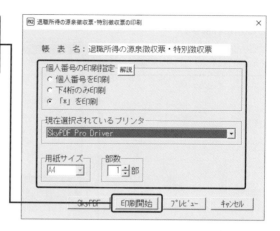

⑧ この画面が表示されます。

「個人番号の印刷指定」等を選択し、「印刷開始」をクリックします。

ここも チェック！

複数の社員分の退職所得の「源泉徴収票」をまとめて印刷するには

複数の社員分をまとめて選択し、退職所得の「源泉徴収票」を印刷する時は、前述の⑤の画面で「F5 印刷」をクリックします。するとこの画面が表示されるので、ここで選択します。

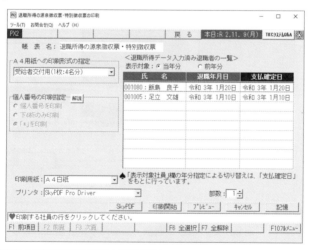

プロからの 実務上の アドバイス

● **退職者に関する印刷書類について**

PX2では、退職者に関する次の書類も印刷できます。処理の流れは、それぞれの参照ページをご覧ください。

● 健康保険・厚生年金保険・雇用保険の「資格喪失届」

● 雇用保険の「離職証明書」（作成資料）

「資格喪失届」「離職証明書」（作成資料）を作成するには→126頁

III

賞与計算の処理方法

1 賞与計算の手順を理解しよう

「賞与の支給日の登録」や「支給・控除の入力」などを行い、賞与の支給額をPX2に入力します。その後、「賞与支払明細書」の作成・印刷、賞与の振込依頼などの作業を進めていきます。

1 賞与の支給日の登録

賞与の支給日を登録します。

今回の賞与の支給日を登録するには→60頁

2 支給・控除の入力

支給する賞与や、賞与から控除する金額を入力します。

支給・控除を入力するには→62頁

3 賞与計算と計算結果の確認

賞与計算し、計算結果を確認します。
計算結果は、「支給控除一覧表」を印刷して確認します。

支給・控除の内容を確認するには→73頁

4 「賞与支払明細書」の印刷・交付

今回の「賞与支払明細書」を印刷し、社員へ交付します。

「賞与支払明細書」を印刷・交付するには→74頁

「賞与支払明細書」をWebで交付する場合は→76頁

5 賞与振込依頼

自社の銀行口座から各社員の銀行口座へ賞与を振り込むため、「振込依頼書」を印刷します。

「振込依頼書」を印刷するには→77頁

賞与の銀行振込依頼データを作成するには→78頁

インターネット・バンキング（IB）で賞与振込依頼をするには→79頁

現金で支給するには→80頁

6 賞与仕訳データの作成

今月の賞与仕訳データを作成し、戦略財務情報システム（FXシリーズ）へ連動します。

FXシリーズへの仕訳連動の方法→320頁

7 退職した社員の書類作成

退職した社員へ交付する、「源泉徴収票」や「離職証明書」（作成資料）を印刷します。
あわせて、健康保険・厚生年金保険や雇用保険の「資格喪失届」を作成し提出します。

退職者へ「源泉徴収票」を交付するには→52頁

「資格喪失届」「離職証明書」（作成資料）を作成するには→126頁

退職金を支払うときは→53頁

Ⅰ PX2の概要

Ⅱ 給与計算の処理方法

Ⅲ 賞与計算の処理方法

Ⅳ ライフイベント（採用・退職・結婚・出産等）ごとの手続き

Ⅴ 月次更新（年次更新）処理の方法

Ⅵ 算定基礎届・月額変更届の作成

2 今回の賞与の支給日を登録するには

賞与の支給日の登録方法について解説します。なお、ここでは、社員ごとに賞与を入力する場合の手順を説明します。

① [賞与]タブを選択し、ここをクリックします。

キーボード：11＋Enterキー

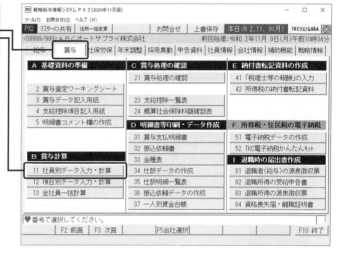

② この画面が表示されるので、賞与の月分と支給日を入力します。

支給日を間違えて入力した場合、「F1修正」ボタンから修正します。

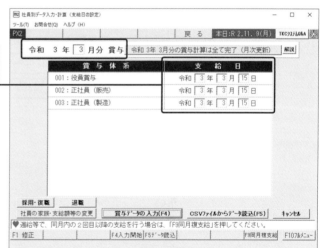

③ 先頭行の賞与体系の支給日を入力すると、このメッセージが表示されます。

すべての賞与体系（役員・正社員・パート等）で支給日が同じ場合は、「はい」をクリックします。

支給日が異なる場合は、「いいえ」ボタンをクリックして賞与体系ごとに支給日を入力します。

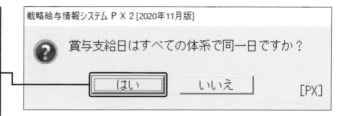

④ 表示された支給日を確認します。

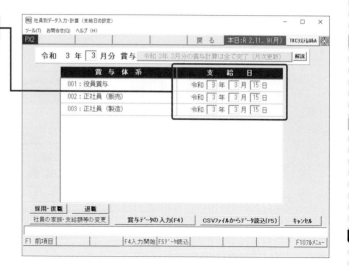

I PX2の概要

II 給与計算の処理方法

III 賞与計算の処理方法

IV ライフイベント（採用・退職・結婚・出産等）ごとの手続き

V 月次更新（年次更新）処理の方法

VI 算定基礎届・月額変更届の作成

3 支給・控除を入力するには

「**2** 今回の賞与の支給を登録するには」の手順②に続けて、以下のように処理を進めます。

プロからの
実務上の
アドバイス

● 支給・控除のデータはCSVファイルから読み込める
　支給・控除のデータは、CSVファイルから読み込むこともできます。

CSVファイルから読み込むには→332頁

　クリック後、保険料率の改定に関するメッセージが表示されることがあります。

お知らせメッセージが表示されたら→68頁

---

① 「賞与データの入力（F4）」をクリックします。

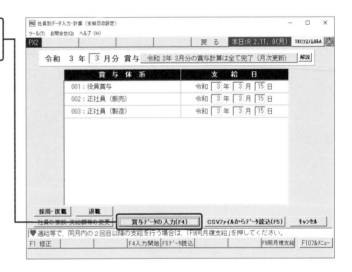

② この画面が表示されますので、「OK」をクリックします。

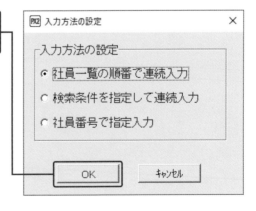

③ この画面が表示されたら、「表示順」と
入力を開始する社員を指定し、「OK」
をクリックします。

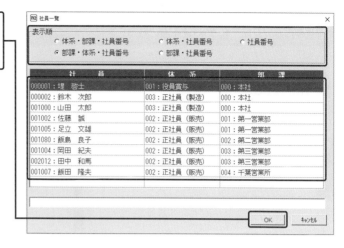

④ 支給・控除項目を入力します。
支給額の変更がなければ入力は不要です。
前回入力した金額となります。

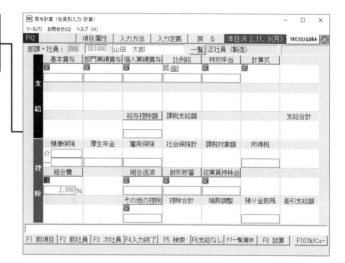

Ⅰ PX2の概要

Ⅱ 給与計算の処理方法

Ⅲ 賞与計算の処理方法

Ⅳ ライフイベント（採用・退職・結婚・出産等）ごとの手続き

Ⅴ 月次更新（年次更新）処理の方法

Ⅵ 算定基礎届・月額変更届の作成

（1）支給項目を入力するには

■ 比例給の場合

① **比例給の数量を入力します。**

比例給は、［単価×数量］で自動計算されます。

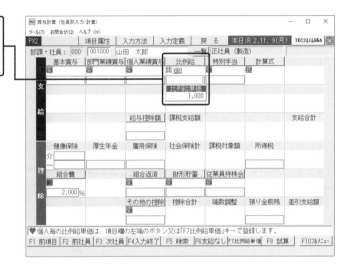

② **比例給の単価は、「@」ボタンから変更できます。**

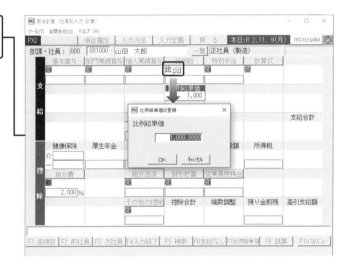

■ 変動給の場合

支給額を入力します。
変動給の場合、前月入力した金額は引き継がれません。支給がある月は、入力が必要です。

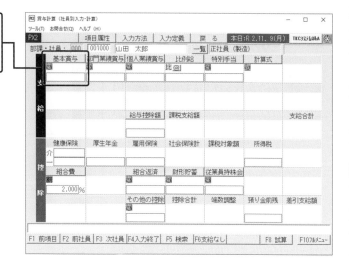

■ 計算式の場合

入力不要です。
支給額は、賞与体系情報の設定に基づき、自動計算されます。

（2）控除項目を入力するには

控除額の入力について、保険料、所得税は自動計算されます。

その他の控除がある場合は、入力します。控除額の場合も、支給額と同様に「変動」「計算式」等の設定があり、設定により入力する内容が異なります。

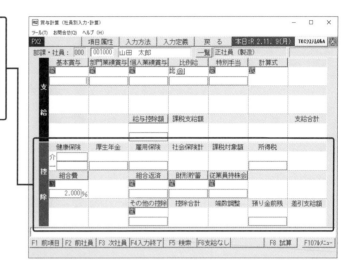

プロからの実務上のアドバイス

●計算結果の検算の際の注意点

　所得税は、前月の給与の金額により計算に適用する税率が変わります。前月の給与がない場合、支給日の関係で前倒し（後ろ倒し）した場合は、適用する税率が変わります。計算結果を検算するときには注意しましょう。

（3）支給・控除項目の入力が終了したら

① 支給・控除の入力を終えたら、「F4 入力終了」をクリックします。

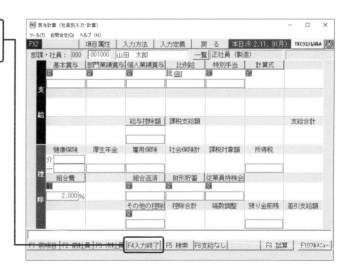

Ⅰ PX2の概要

Ⅱ 給与計算の処理方法

Ⅲ 賞与計算の処理方法

Ⅳ ライフイベント（採用・退職・結婚・出産等）ごとの手続き

Ⅴ 月次更新（年次更新）処理の方法

Ⅵ 算定基礎届・月額変更届の作成

② **正常に処理された場合は、このメッセージが表示され、計算結果が表示されます。**

エラーや注意が表示された場合、内容を確認します。

「計算結果の確認」をクリックします。

- エラーや注意等が表示された場合、メッセージを確認します。「警告内容印刷」から注意・警告内容を印刷できます。

③ **支給額・控除額・差引支給額を確認します。**

次の社員を入力するには、「F3次社員」をクリックします。入力を終了するには、「F10フルメニュー」をクリックします。

●**社員ごとに入力し、一括計算もできる**

　社員ごとに入力、計算、計算結果の確認、という流れは、確実ではありますが煩雑な側面もあります。PX2では、設定により、社員ごとに入力し、一括で計算することもできます。

　この設定は、[補助機能] タブの「51　システム制御情報の設定」の「「社員別データ入力」の自動計算機能の設定」になります。一括で計算される場合は設定を変えてみましょう。

■ お知らせメッセージが表示されたら

●健康保険料率改定のお知らせ

　賞与データの入力を開始する際、このメッセージが表示される場合があります。

　このメッセージは、健康保険料率の改定時期が到来したことを表します。

　PX2では、事前の設定に基づき、保険料率の改定時期を自動判定し、保険料率を更新します。

　※健康保険組合の場合は、保険料率は自動で更新されません。

社会保険の確認

　　　　<「健康保険料率」改定のお知らせ>

　健康保険料率の改定月が到来しました。

　　今回の給与(賞与)から健康保険料率が1000分の
　49.350(従業員負担分)(東京都)となります。
　　システムでは自動的に健康保険料率を改定し、
　新しい健康保険料率に基づいて健康保険料を計算
　します。

　　　　<「介護保険料率」改定のお知らせ>

　介護保険料率の改定月が到来しました。

　　今回の給与(賞与)から介護保険料率が1000分の
　8.950(従業員負担分)となります。システムでは
　自動的に介護保険料率を改定し、新しい介護保険
　料率に基づいて介護保険料を計算します。

　　　　　　　[　　OK　　]

　　　　　　　　　　　　　[PX]

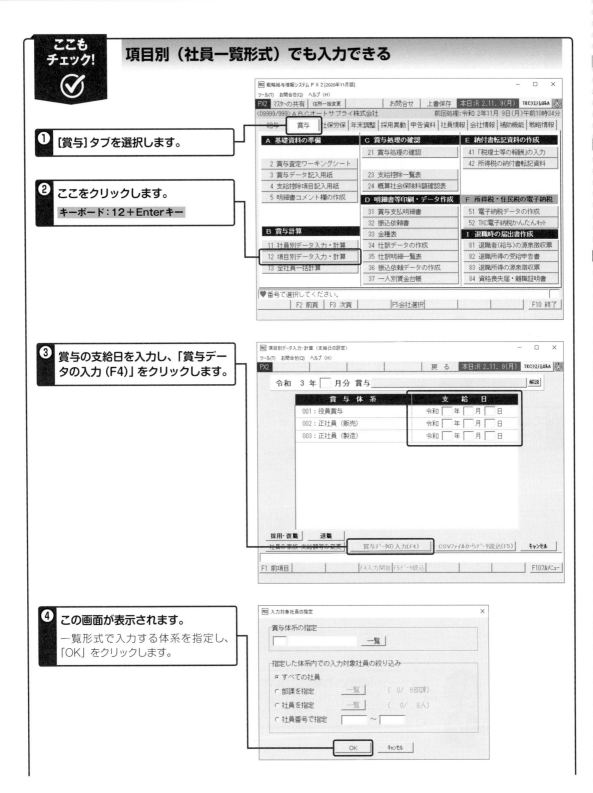

ここもチェック！

項目別（社員一覧形式）でも入力できる

❶ [賞与] タブを選択します。

❷ ここをクリックします。
キーボード：12＋Enterキー

❸ 賞与の支給日を入力し、「賞与データの入力 (F4)」をクリックします。

❹ この画面が表示されます。
一覧形式で入力する体系を指定し、「OK」をクリックします。

I PX2の概要
II 給与計算の処理方法
III 賞与計算の処理方法
IV ライフイベント（採用・退職・結婚・出産等）ごとの手続き
V 月次更新（年次更新）処理の方法
VI 算定基礎届・月額変更届の作成

⑤ **この画面が表示されますが、これ は体系ごとに初回のみの表示です。**
入力する項目を選択（定義）します。

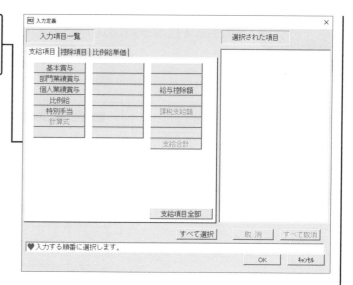

プロからの 実務上の アドバイス

● **表示する項目は多めに定義しておくこと**
定義した並び順は、上下での入れ替えができないので、挿入したい場所までいったん全部取り消すことになります。
表示する項目は、多めに定義しておく方が後々の手間を減らせるでしょう。

⑥ **この画面が表示されますので、支 給・控除のデータを入力します。**

プロからの 実務上の アドバイス

● **カーソル移動の効率化について**
「F8 入力方向」もしくは「 」でカーソルの移動する順番を縦（↓）横（→）に切り替えられます。これをうまく使って、入力効率をアップさせましょう。

賞与計算の処理と結果の確認をするには

ここでは、賞与計算の処理とその結果の確認方法について解説します。

(1) 賞与計算処理と結果を確認するには

① **[賞与] タブを選択し、ここをクリックします。**

キーボード：13＋Enterキー

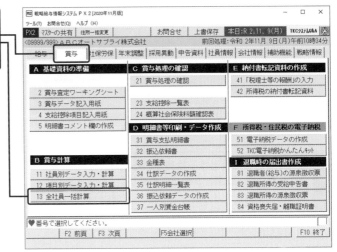

② **賞与を計算する体系を指定します。**

指定した賞与体系は青色反転します。
「F6全選択」で全体系を指定できます。

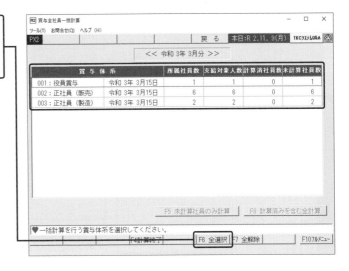

Ⅰ PX2の概要

Ⅱ 給与計算の処理方法

Ⅲ 賞与計算の処理方法

Ⅳ ライフイベント（採用・退職・結婚・出産等）ごとの手続き

Ⅴ 月次更新（年次更新）処理の方法

Ⅵ 算定基礎届・月額変更届の作成

③ **「F5 未計算社員のみ計算」をクリックします。**

計算済みの社員を含めて再度計算し直す場合は、「F8 計算済みを含む全計算」をクリックします。

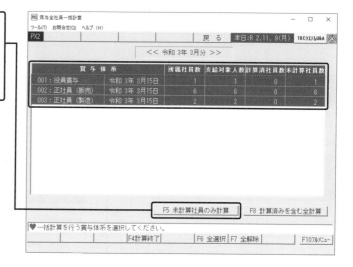

④ **エラーや注意に該当する社員がいる場合、計算結果（概要）が表示されます。**

「はい」をクリックします。

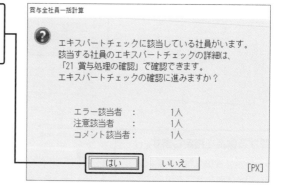

⑤ **社員別に計算結果の確認画面が表示されます。**

次の区分で計算結果が表示されます。

①エラー　：入力に不備があるため計算していません。

②注意　　：計算していますが、内容の確認（修正）が必要です。

③コメント：計算していますが、内容の確認が必要です。

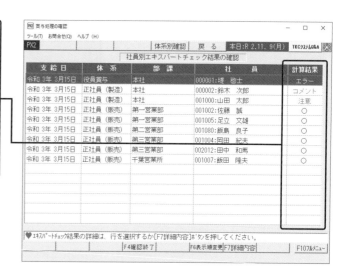

(2) 支給・控除の内容を確認するには

❶ [賞与]タブを選択します。

❷ ここをクリックします。
キーボード：23＋Enterキー

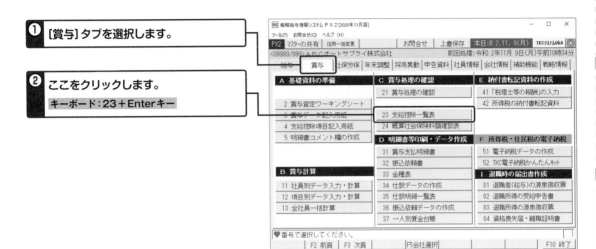

❸ この画面が表示されます。印刷順など を指定して印刷します。

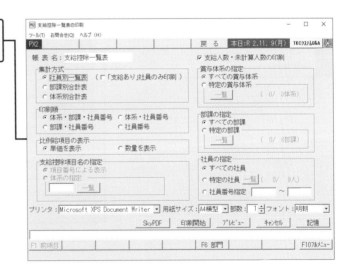

プロからの 実務上の アドバイス

● 「社員別一覧表」の最後の合計頁を体系の項目名で表示したい場合

「社員別一覧表」を「体系・部課・社員番号」や「体系・社員番号」で印刷 すると、最後の合計頁は項目名で表示されます。

最後の合計頁も、いずれかの体系の項目名で表示したい場合は、部課・社 員番号や社員番号で印刷し、確認するようにしましょう。

これらの印刷順を指定すると、「支給控除項目名の指定」欄で、表示させた い体系の項目名で印刷されます。

I PX2の概要

II 給与計算の処理方法

III 賞与計算の処理方法

IV ライフイベント（採用・退職・結婚・出産等）ごとの手続き

V 月次更新（年次更新）処理の方法

VI 算定基礎届・月額変更届の作成

5 「賞与支払明細書」を印刷・交付するには

ここでは、「賞与支払明細書」の印刷・交付について解説します。

❶ [賞与] タブを選択し、ここをクリックします。

キーボード：31＋Enterキー

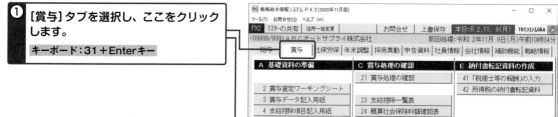

❷ この画面が表示されます。

印刷内容を指定し、「印刷開始」をクリックします。

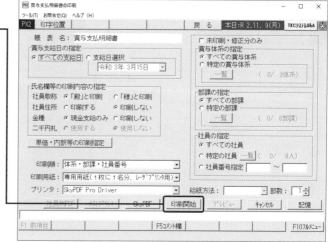

「賞与支払明細書」にコメントを入力できる

　「賞与支払明細書」（1枚に1名分）の余白に、コメントを印刷できます。全従業員へ伝えたい内容や、社員ごとに伝えたい内容を設定できます。

① **[賞与] タブを選択し、ここをクリックします。**

　キーボード：5＋Enterキー

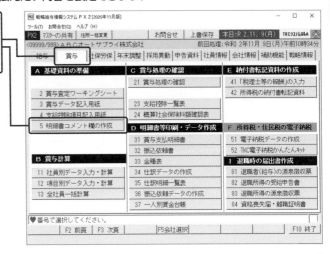

② **この画面が表示されます。**

　1から5のメニューに沿ってコメントの入力、設定を行います。

I PX2の概要

II 給与計算の処理方法

III 賞与計算の処理方法

IV ライフイベント（採用・退職・結婚・出産等）ごとの手続き

V 月次更新（年次更新）処理の方法

VI 算定基礎届・月額変更届の作成

❶ **前述の②に代えて、この画面が表示されます。**

Webで「賞与支払明細書」を配付する社員を指定し、通知メールの送信日時を設定して「アップロード」をクリックします。

※このサービスを利用するには、「PXまいポータル」の申込みが必要となります。TKC会計事務所にご相談ください。

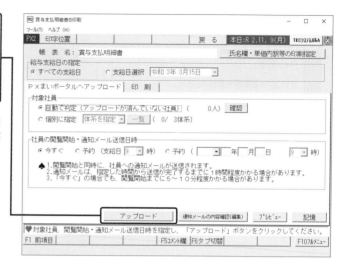

❷ **アップロードしない（紙で配付する）社員については、[印刷]タブを選択します。**

対象社員や印刷順などを指定し、「印刷開始」をクリックします。

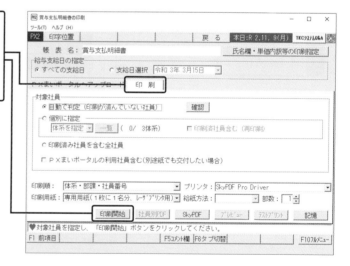

ここも チェック！

退職した社員の書類作成について

賞与の支給を最後に退職する場合も、給与と同様に退職に関する書類を印刷できます。処理の流れはそれぞれの参照ページをご覧ください。

退職者へ「源泉徴収票」を交付するには→52頁

「資格喪失届」「離職証明書」（作成資料）を作成するには→126頁

退職金を支払うときは→53頁

賞与振込依頼をするには

ここでは、「賞与振込依頼書」の印刷方法や銀行振込依頼データの作成方法について解説します。

（1）「賞与振込依頼書」を印刷するには

❶ [賞与] タブを選択し、ここをクリックします。

キーボード：32＋Enter キー

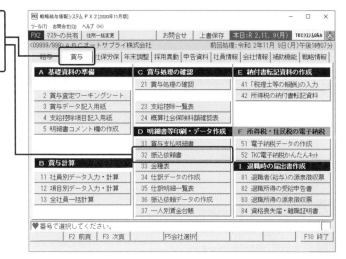

❷ この画面が表示されます。

銀行・支店の一覧から銀行等を指定し、「印刷開始」をクリックします。

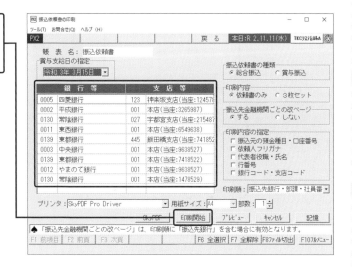

（2）銀行振込依頼データを作成するには

① [賞与] タブを選択します。

② ここをクリックします。

キーボード：36＋Enterキー

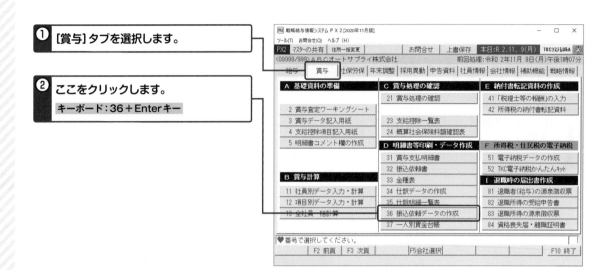

③ この画面が表示されます。

銀行・支店の一覧から振込先の銀行等を指定し、「銀行振込用ディスクの作成」をクリックします。

銀振フォーマットを「登録済」にするには→293頁

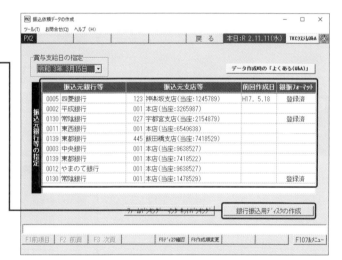

I PX2の概要

II 給与計算の処理方法

III 賞与計算の処理方法

IV ライフイベント（採用、退職、結婚・出産等）ごとの手続き

V 月次更新（年次更新）処理の方法

VI 算定基礎届・月額変更届の作成

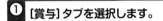

インターネット・バンキング（IB）による賞与振込依頼

賞与振込はインターネット・バンキング（IB）でも行うことができます。当機能を利用するには、別途オプションシステム（インターネットバンキング連動システム）の申し込みが必要です。詳しくはTKC会計事務所へお問い合わせください。

① [賞与] タブを選択します。

② ここをクリックします。

キーボード：36＋Enterキー

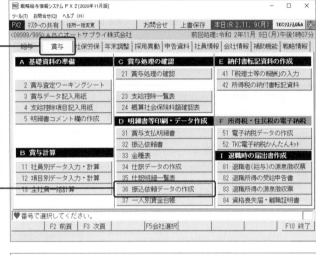

③ この画面が表示されます。

銀行・支店の一覧から振込先の銀行等を指定し、「ファームバンキング・インターネットバンキング」をクリックします。

銀振フォーマットを「登録済」にするには→293頁

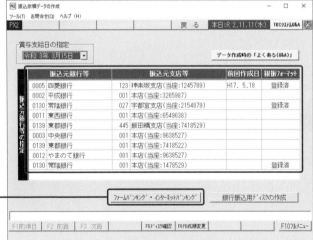

●インターネット・バンキング連動システムの活用メリット②
　インターネット・バンキング連動システムを利用すると、拗音（小さいヤユヨツ）を自動的に大文字に置き換えてデータを作成できます

**ここも
チェック!**

賞与を現金で支給するとき

賞与を現金で社員に支給する場合は次のように作業を進めます。

① **[賞与]タブを選択します。**

② **ここをクリックします。**
　キーボード：33＋Enterキー

③ **この画面が表示されます。**
　「印刷開始」をクリックします。

金種表を印刷すると、紙幣や硬貨を何枚用意すればよいか一目でわかるよ！

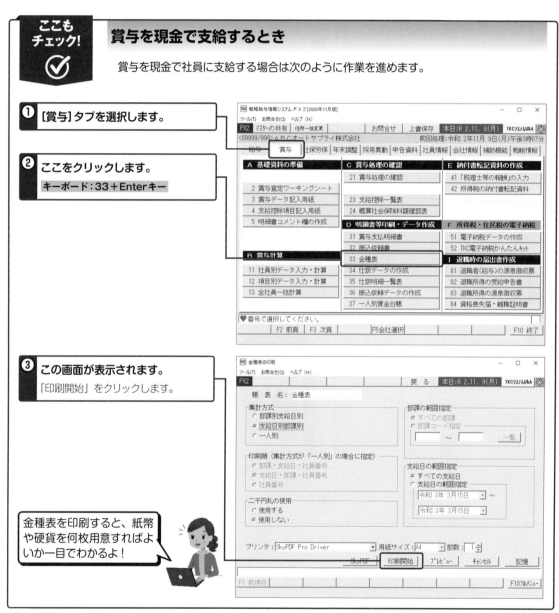

IV ライフイベント（採用・退職・結婚・出産等）ごとの手続き

1 社員を採用したとき

2 社員が退職したとき

3 社員や家族等の情報に変更があったとき

1 社員を採用したとき

最初の給与の支給までに、[採用異動] タブで社員情報等を登録し、「給与開始処理」を行います。

プロからの実務上のアドバイス

● PX2は人事管理等にも活用できる

　PX2は社員情報や人事面の管理もできるシステムです。そのためにも入力項目はできるだけ登録しておくことをお勧めします。登録には手間がかかるかもしれませんが、履歴書等をもとにできるだけ入力し、給与等のデータと社員情報はできる限り一元管理しておくことが重要です。

1 必要書類の収集・手続き

「履歴書」や「住民票」「扶養控除等申告書」、中途入社の場合の前職分の「源泉徴収票」など、入社時に必要な本人・家族、収入に関する書類を収集します。

2 社員の新規登録

収集した書類をもとに、PX2へ社員を登録します。なお、給与開始処理により給与計算が可能になります。そのため、4月に複数名の新卒を採用する場合は、登録手続きだけを事前に行えるため、分散化を図れます。

3 給与開始処理

給与処理を開始します。

4 「資格取得届」「被扶養者届」の作成

「資格取得届」や「被扶養者届」など、入社後に年金事務所等へ提出する書類を作成します。

（1） 必要書類の収集・手続きについて

　新入社員の身元確認や源泉所得税、社会保険、労働保険の手続き上、収集しなければならない書類があります。
スムーズに社員の登録、事務処理が行えるように、漏れなく収集しましょう。

■ 「採用時のチェックリスト」の活用について

　PX2では、「採用時のチェックリスト」で収集しなければならない書類を確認できます。

❶ [採用異動] タブを選択します。

❷ ここをクリックします。
　キーボード：1＋Enterキー

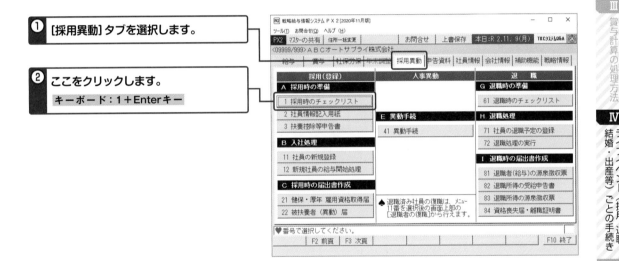

❸ ここをクリックして、印刷します。

Ⅰ　PX2の概要
Ⅱ　給与計算の処理方法
Ⅲ　賞与計算の処理方法
Ⅳ　ライフイベント（採用・退職・結婚・出産等）ごとの手続き
Ⅴ　月次更新（年次更新）処理の方法
Ⅵ　算定基礎届・月額変更届の作成

プロからの実務上のアドバイス

● 「2 社員情報記入用紙」の活用

　収集した書類をもとに社員情報を入力します。慣れないうちは、どの書類からどの項目を入力すればよいのか、わかりづらいかもしれません。そのような場合、「2 社員情報記入用紙」で記入用紙を印刷し、収集した書類をもとに一度記入してみましょう。社員情報の記入用紙は、画面と同じ設計になっています。「社員情報記入用紙」を利用すると、情報が足りない項目の確認と入力がしやすくなります。

■「扶養控除等申告書」の印刷

PX2では、収集しなければならない書類の1つの「扶養控除等申告書」を印刷できます。

① [採用異動] タブを選択し、ここをクリックします。

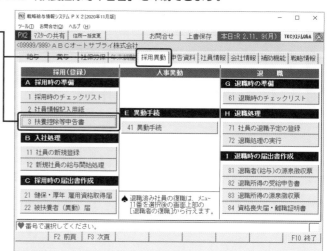

② ここをクリックして、印刷します。

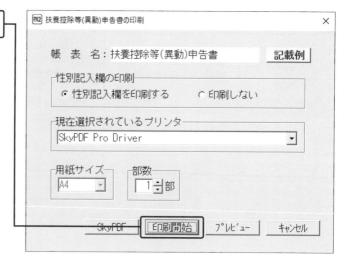

プロからの
実務上の
アドバイス

● **「扶養控除等申告書」の記入についてのポイント**
　「扶養控除等申告書」は、社員の源泉所得税の計算に必要なため、必ず社員に記載してもらいましょう。
　ただし、2以上の会社で働く社員で、主たる給与を支給していない場合、当申告書は不要です。
　なお、税に関する書類のため、TKC会計事務所がその内容をチェックする場合があります。寡婦控除は社員の性別が影響します。申告書の氏名からでは性別を判断できない場合もありますので、印刷指定画面で性別記入欄を印刷する設定にして、印刷してください。

（2）社員の新規登録をするには

■ 社員を新規登録するには

① [採用異動] タブを選択します。

② ここをクリックします。
　キーボード：11＋Enterキー

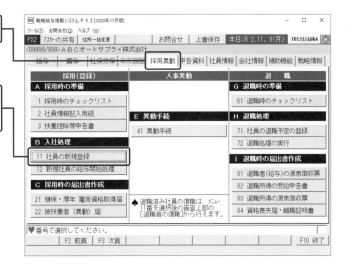

③ **この画面が表示されます。**

登録済の社員がいる場合は、一覧に表示されます。ここをクリックします。

キーボード：Ctrl＋F1キー

プロからの
実務上の
アドバイス

●**退職した社員が復職する場合**

一度退職した社員が復職する場合は、上画面の「退職者の復職」ボタンをクリックすると、復職できます。社員情報は、前回退職時の情報が表示されます。

④ **社員情報を登録します。**

登録する内容は、次頁を参照してください。

登録が終了したら「F4入力終了」ボタンをクリックします。

キーボード：F4キー

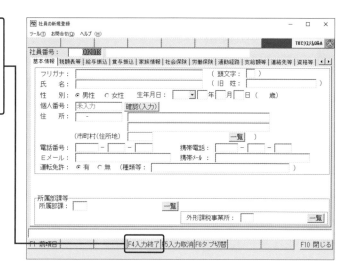

■ [基本情報] タブの項目

「履歴書」や「扶養控除等申告書」等をもとに入力します。

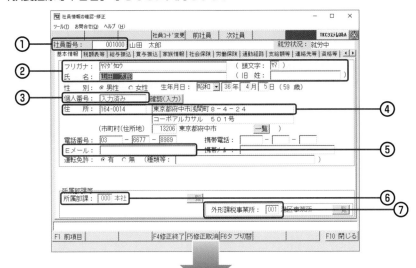

① 社員番号
社員番号は自動付番されます。

② 氏名・フリガナ・頭文字
氏名を入力すると、フリガナと頭文字は自動表示されます。
銀行振込の場合は、口座名義人と氏名が一致していなければなりません。

③ 個人番号
「Enter」キーで入力を進めていくと、個人番号専用の入力画面が表示されます。

④ 住所
各種届出に印刷されます。

⑤ Eメール
入力しておくとWeb給与明細等の閲覧機能（PXまいポータル）での社員への通知メールの送信先に複写できます。

⑥ 所属部課
必須項目です。各画面での検索や、帳表の印刷時の印刷対象として使用します。

⑦ 外形課税事業所
事業税の外形標準課税事業所の場合で、PX2で「外形標準課税明細書」を作成する場合に入力します。詳しくは、TKC会計事務所にお問合せください。

※上記以外の項目もできる限り入力しましょう。

氏名、性別、生年月日、個人番号（番号を持っている人）、住所、所属部課は必須だね！

社保・労保の届出をPX2で作成する場合、氏名とフリガナの姓名の間には1文字分スペースを入れよう！

■ [税額表等] タブの項目（その１）

「雇用契約書」や「住民税特別徴収税額通知」、前職の給与所得の「源泉徴収票」等をもとに入力します。

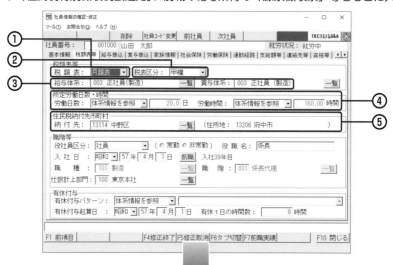

① 税額表

源泉所得税の計算に使用します。

通常、毎月給与を支払う場合は「月額表」を、働いたその日ごとに給与を支払う場合は「日額表」を選択します。

② 税表区分

源泉所得税の計算に使用します。

「扶養控除等申告書」を提出した社員は「甲欄」を、提出がない社員は「乙欄」を選びます。①の「税額表」が「日額表」の社員は「丙欄」を選択します。

③ 給与体系・賞与体系

給与・賞与計算に使用します。また、各画面での検索や、帳表の印刷時の印刷対象として使用します。

| 給与体系情報→296頁 |

| 賞与体系情報→312頁 |

④ 所定労働日数・時間

時間外手当、給与控除額等の計算、社保の届出における労働日数の計算・判定に使用されます。全社や部課と異なる場合（個人ごとに設定する場合）は、ここで入力します。

⑤ 住民税納付先市町村

住民税の納付額の集計に使用されます。

政令指定都市の場合は、○○市を選択します。

　例：さいたま市
　　　○：さいたま市
　　　×：さいたま市西区

I PX2の概要

II 給与計算の処理方法

III 賞与計算の処理方法

IV ライフイベント（採用・退職・結婚・出産等）ごとの手続き

V 月次更新（年次更新）処理の方法

VI 算定基礎届・月額変更届の作成

■ [税額表等] タブの項目（その2）

「雇用契約書」や「住民税特別徴収税額通知」、前職の給与所得の「源泉徴収票」等をもとに入力します。

⑥ 役社員区分

社保・労保の届出、退職所得にかかる所得税計算での「パート・アルバイト」「役員」の判定、戦略情報での集計等に使用します。

⑦ 入社日

退職所得にかかる所得税計算での勤続期間の計算等に使用します。当年の入社日を入力するとメッセージが表示されます。当年に前職がある社員の場合、「はい」ボタンをクリックして、前職の給与所得の源泉徴収票を基に前職の支給実績を入力します。

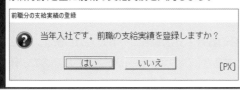

⑧ 職種・職階

戦略情報での集計、労働者名簿への異動履歴の印刷に使用します。

戦略情報→316頁

⑨ 仕訳計上部門

給与の仕訳データにセットする部門コードを、「仕訳計上部門」としている場合、必須です。

⑩ 有休付与パターン・起算日

年次有給休暇の自動付与機能を利用する場合、必須です。

活用する場合は、TKC会員事務所にご相談ください。

⑪ 有休1日の時間数

時間単位での有休の取得を可と設定している場合、入力します。

税額表、税表区分、給与体系、所定労働日数・時間、役社員区分、入社日は必須だね！

■ [給与（賞与）振込] タブの項目

　社員から取得した給与（賞与）の支払方法、振込先に関する書類、預金通帳・キャッシュカードの写し等をもとに入力します。

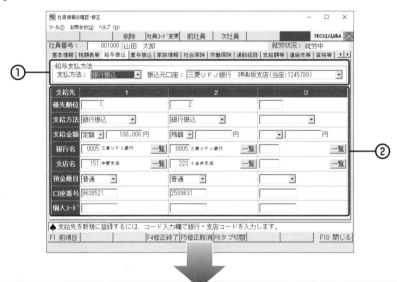

❶ 給与支払方法

支払方法を「現金支給」「銀行振込」「一部現金支給」から選択します。振込の場合、振込元口座を選択します。

振込元金融機関の情報→292頁

❷ 支給先

振込の場合の振込先口座を入力します。

振込先が1か所の場合、支給方法は「銀行振込」とし、支給金額は「全額」とします。

一部現金支給や複数の口座に分けて振り込む場合、優先順位、支給方法、各支給金額を入力します。

ここもチェック！

振込先の銀行・支店を入力する場合は

　振込先の銀行・支店は、全国銀行協会の銀行・支店番号コードで入力します。PX2に登録していない銀行・支店のコードを入力すると、次のメッセージが表示されるので、「はい」ボタンをクリックして、銀行名、支店名を入力します。

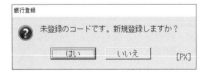

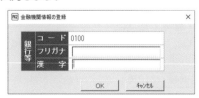

I PX2の概要

II 給与計算の処理方法

III 賞与計算の処理方法

IV ライフイベント（採用・退職・結婚・出産等）ごとの手続き

V 月次更新（年次更新）処理の方法

VI 算定基礎届・月額変更届の作成

■［家族情報］タブの項目

「扶養控除等申告書」をもとに入力します。

家族情報タブ

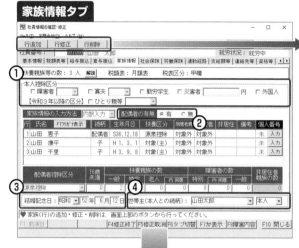

家族情報画面

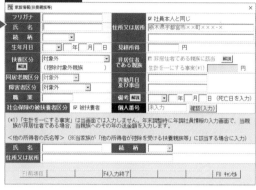

① **本人控除区分**

源泉所得税の計算、「扶養控除等申告書」への印刷、給与所得の「源泉徴収票」への印刷等に使用します。

② **配偶者の有無・家族情報**

源泉所得税の計算、「扶養控除等申告書」への印刷、給与所得の「源泉徴収票」への印刷等に使用します。

家族の追加、修正、削除は、画面上部の「行追加」「行修正」「行削除」ボタンから行います。

③ **結婚記念日**

備忘記録です。

④ **世帯主**

「扶養控除等申告書」に印刷されます。

個人番号

家族情報画面で、「Enter」キーで入力を進めていくと、個人番号専用の入力画面が表示されます。個人番号カード等をもとに入力します。

プロからの実務上のアドバイス

● **［家族情報］タブはしっかり入力しよう**

　［家族情報］タブの内容は少し難しいかもしれませんが、源泉所得税の計算や給与所得の「源泉徴収票」の印刷に使用されるため、正確に入力する必要があります。一度入力すれば毎年引き継がれるので、最初にしっかり入力してください。そして、家族の異動等があった場合や毎年の年末調整の際にメンテナンスしましょう。

　不明な点はTKC会計事務所へご相談ください。

●**家族が亡くなった場合**
　家族が亡くなった場合、「家族情報」画面の「備考」欄に亡くなった日を入力してください。この日付に基づいて、控除額の計算が行われます。

「扶養控除等申告書」の見方とPX2での区分の入力の仕方

（1）本人の障害者、ひとり親等、勤労学生区分

①「C　障害者、寡婦、ひとり親又は勤労学生」の「本人」列を見ます。

②扶養控除等申告書に「○」が付いている控除がある場合、PX2の該当の欄にチェックを付けます。

　障害者（一般・特別）、ひとり親等はチェックを付けた上で、該当する区分を選択します。

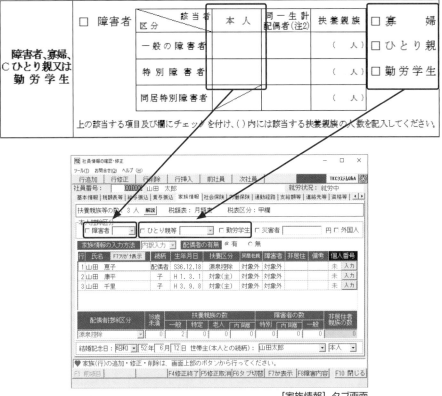

［家族情報］タブ画面

（2）家族の障害者区分

① 「C　障害者、寡婦、ひとり親又は勤労学生」の「同一生計配偶者」と「扶養親族」の列を見ます。

② 「○」が付いている場所（一般の障害者、特別障害者、同居特別障害者）に応じて、PX2の「障害者区分」を選択します。

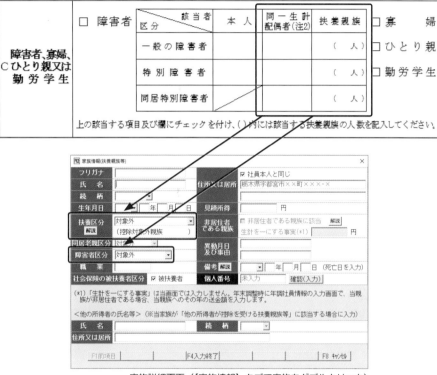

家族詳細画面（［家族情報］タブで家族をダブルクリック）

I PX2の概要
II 給与計算の処理方法
III 賞与計算の処理方法
IV ライフイベント（採用・退職・結婚・出産等）ごとの手続き
V 月次更新（年次更新）処理の方法
VI 算定基礎届・月額変更届の作成

③なお、「C　障害者、寡婦、ひとり親又は勤労学生」欄の右にある「障害者又は勤労学生の内容」「異動月日及び事由」の入力欄もPX2には設けられています。あわせて入力しておきましょう。

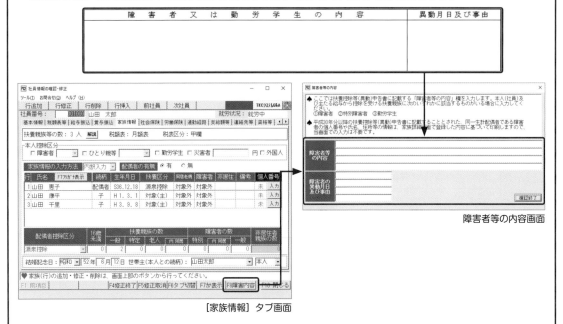

［家族情報］タブ画面

障害者等の内容画面

(3) 配偶者の扶養区分

「A　源泉控除対象配偶者」欄を見ます。この欄に配偶者の記載がある場合、PX2では、「源泉控除対象配偶者」を選択します。配偶者はいるけれどこの欄に記載がない場合、「源泉控除対象配偶者以外の配偶者」を選択します（「対象外」ではありません）。

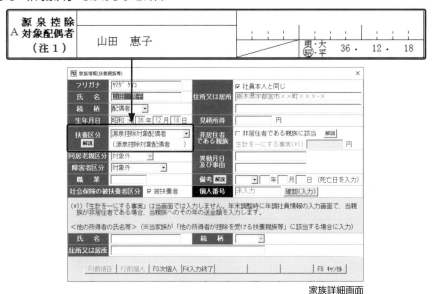

家族詳細画面

（4）配偶者以外の家族の扶養区分

① 「B　控除対象扶養親族」欄または「住民税に関する事項」の「16歳未満の扶養親族」欄に記載がある家族の場合、PX2では「対象（主たる給与の扶養）」を選択します。

また、「同居老親等」にチェックがある場合、PX2では「同居老親区分」を「対象」にします。

「その他（老人扶養親族）」「特定扶養親族」の判定は、生年月日から行うため気にする必要はありません。

家族詳細画面

②「D　他の所得者が控除を受ける扶養親族等」に記載がある場合、PX2では「対象外（他の所得者の扶養）」
　を選択します。

	氏　　名	あなたとの続柄	生 年 月 日
D 他の所得者が控除を受ける扶養親族等			明・大・昭平・令　　-　-
			明・大・昭平・令　　-　-

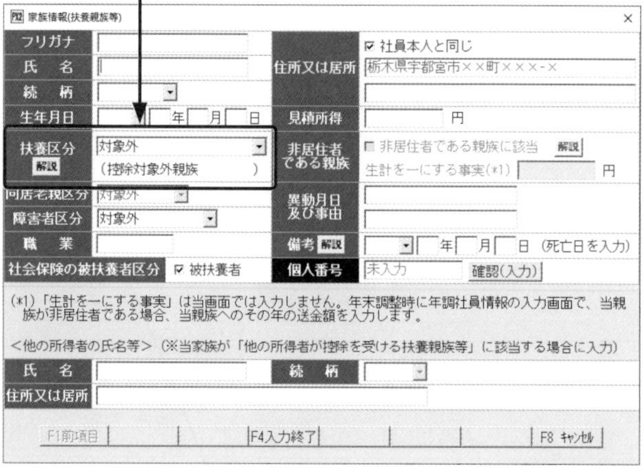

家族詳細画面

③上記①②のいずれにも記載がない場合、「対象外」を選択します。

　　ただし、社員が「従たる給与の扶養控除等申告書」を提出しており、そこに記載がある配偶者以外の家
　族は、「対象外（従たる給与の扶養）」を選択します。

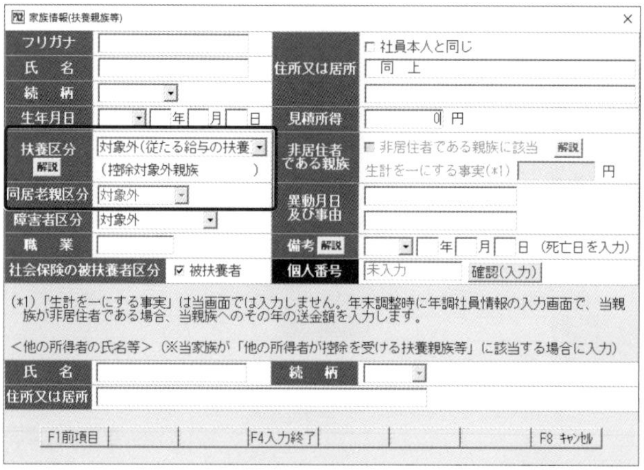

家族詳細画面

I PX2の概要
II 給与計算の処理方法
III 賞与計算の処理方法
IV ライフイベント(採用・退職・結婚・出産等)ごとの手続き
V 月次更新(年次更新)処理の方法
VI 算定基礎届・月額変更届の作成

■ [社会保険] タブの項目

「被保険者証」や「年金手帳」等をもとに入力します。

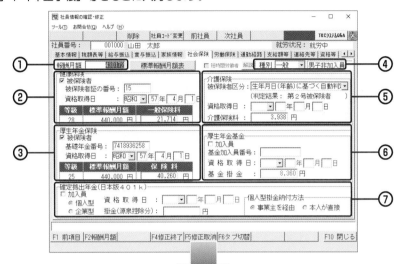

① 報酬月額

社会保険料の計算に使用します。

報酬月額を直接入力する方法と標準報酬月額表から選択する方法があります。報酬月額を入力すると「健康保険」「厚生年金保険」の保険料が参考表示されます。

② 健康保険

被保険者である場合、チェックを付けます。

被保険者証の番号、資格取得日は届出の作成等に使用します。

<PX2で資格取得届を作成する場合>

被保険者にチェックを付け、資格取得日を入力するとPX2で資格取得届が作成できます。被保険者証が届いたら、被保険者証の番号を入力します。

「資格取得届」の作成→104頁

③ 厚生年金保険

被保険者である場合、チェックを付けます。

被保険者証の番号、資格取得日は届出の作成等に使用します。

<PX2で資格取得届を作成する場合>

健康保険の場合と同様です。

④ 種別

社会保険の届出に使用します。

⑤ 介護保険

原則、「生年月日(年齢)に基づく自動判定」を選択します。年齢に基づいて、介護保険料が計算されます。

⑥ 厚生年金基金

加入員である場合、チェックを付けます。
基金加入員番号、資格取得日は届出の作成等に使用します。

⑦ 確定拠出年金

加入員である場合、チェックを付けます。

■ [労働保険] タブの項目

「被保険者証」をもとに入力します。

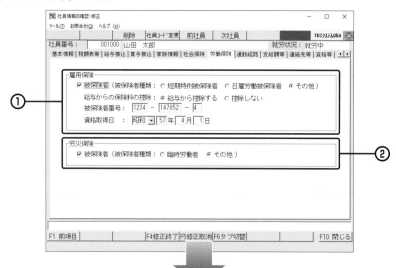

❶ 雇用保険

被保険者である場合、チェックを付けます。一般の
被保険者は、「その他」にチェックを付けます。

被保険者番号、資格取得届の作成等に使用します。

＜PX2で資格取得届を作成する場合＞

被保険者にチェックを付け、資格取得日を入力す
るとPX2で資格取得届が作成できます。被保険者証
が届いたら、被保険者番号を入力します。

「資格取得届」の作成→104頁

❷ 労災保険

被保険者である場合、チェックを付けます。一般の
被保険者は、「その他」にチェックを付けます。

I PX2の概要

II 給与計算の処理方法

III 賞与計算の処理方法

IV 結婚・出産等ごとの手続き ライフイベント（採用・退職・

V 処理の方法 月次更新（年次更新）

VI 月額変更届の作成 算定基礎届・

■ ［通勤経路］ タブの項目

社員からの通勤手当の申請等をもとに入力します。

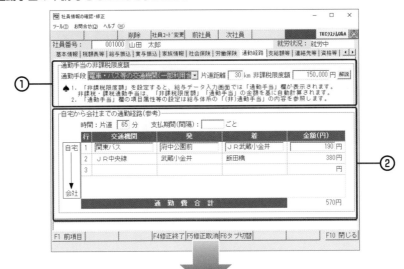

① 通勤手当の非課税限度額

通常の給与に加算して支給する通勤手当は、一定の限度額まで源泉所得税が非課税になり、非課税分は給与から控除する源泉所得税の計算に含めません。

マイカー、自転車通勤の場合、「通勤手段」で「車・自転車等の交通用具」を選択し、「片道距離」を入力します。非課税限度額は自動で計算されます。

電車やバス通勤の場合、「通勤手段」で「電車・バス等の交通機関」を選択し、「非課税限度額」欄に通勤定期券等（1か月相当額）の金額を入力します。

マイカー、自転車と電車やバスを利用している場合は、マイカー、自転車の場合の非課税限度額と、通勤定期券代の合計金額を入力します。

② 自宅から会社までの通勤距離

備忘記録です。

プロからの
実務上の
アドバイス

●電車・バスで通勤している人の処理

電車やバスを利用して通勤している人の「非課税限度額」は、通勤のための運賃・時間・距離等の事情に照らして、最も経済的かつ合理的な経路及び方法で通勤した場合の金額になります。新幹線の特急券代は含まれますが、グリーン車の料金は含まれません。限度額を超える場合にはご注意ください。

マイカー、自転車と電車やバスの両方を使って通勤している人の場合、マイカー、自転車の場合の限度額と通勤定期券の金額を合計した額が「非課税限度額」になります。PX2には、合計した金額を「非課税限度額」に入力します。

■ [支給額等] タブの項目

「給与規程」や「雇用契約書」等をもとに入力します。

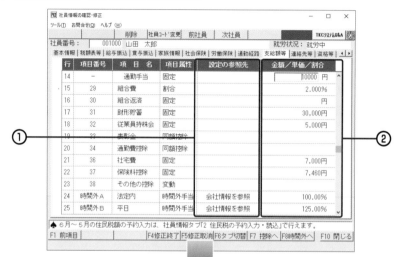

① 設定の参照先

時間外手当の割増率、回数手当や比例給の単価は、体系ごとや個人ごとに参照先を設定できます。ここでは、参照先（体系や個人など）や設定内容（割増率や単価）を確認、設定できます。

② 金額／単価／割合

「項目属性」に応じて、金額・単価・割合を入力します。

項目属性	「金額／単価／割合」欄に入力する内容
固定	支給・控除額
準固定	支給・控除額（毎回の給与データの初期値）
変動	入力しません。給与データの入力時に毎回入力します。
比例	比例給単価
日給	日給単価
時給	時給単価
割合	支給割合（％）
現物	入力しません。給与データの入力時に入力します。
同額控除	入力しません。同額控除の対象金額が毎回自動表示されます。
計算式	入力しません。計算式に基づき自動計算されます。
内訳項目を集計	入力しません。集計項目に基づき自動計算されます。

■［連絡先等］タブの項目

　当タブの内容は備忘記録ですが、入社時の記録に多く含まれる内容なので、ここにしっかり入力しておくことが大切です。社員情報の管理はとても重要です。

　一部の項目は、選択により、労働者名簿に印刷できます。

■［資格等］タブの項目

　当タブの内容は備忘記録ですが、入社時の記録に多く含まれる内容なので、ここにしっかり入力しておくことが大切です。社員情報の管理はとても重要です。

　選択により、労働者名簿に印刷できます。

I　PX2の概要

II　給与計算の処理方法

III　賞与計算の処理方法

IV　ライフイベント（採用・退職・結婚・出産等）ごとの手続き

V　月次更新（年次更新）処理の方法

VI　算定基礎届・月額変更届の作成

■ ［キャリア］タブの項目

　社員のキャリア情報を入力します。異動処理を行った場合は、その異動内容が自動的に追加されます。当タブの内容は備忘記録ですが、社内の経歴を確認できるためしっかり入力しておくことが大切です。

　社員情報の管理はとても重要です。選択により、労働者名簿に印刷できます。

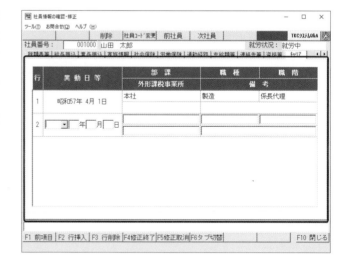

（3）給与開始処理をするには

プロからの実務上のアドバイス

● **処理可能社員数には上限がある**

　PX2は処理可能社員数に上限があります。上限の社員数は、ご利用のライセンスごとに異なります。

　たとえば、今月、アルバイトを採用した等で社員を新規登録した結果、上限に達した場合、新規登録した社員の当月の給与計算はできますが、翌月への更新が行えません。「残り登録可能社員数」に注意しましょう。

　社員数の上限を変更する必要がある場合は、TKC会計事務所にご相談ください。

　社員を登録しても、「給与開始処理」を行っていない社員の給与計算は行われません。給与計算を開始する社員については、「給与開始処理」を忘れずに行いましょう。

① [採用異動] タブを選択します。

② ここをクリックします。
　キーボード：12＋Enterキー

③ 残り登録可能社員数は、ここで確認します。

④ 「給与開始処理」を行う社員を選択します。

⑤ 「F5確定」ボタンをクリックします。

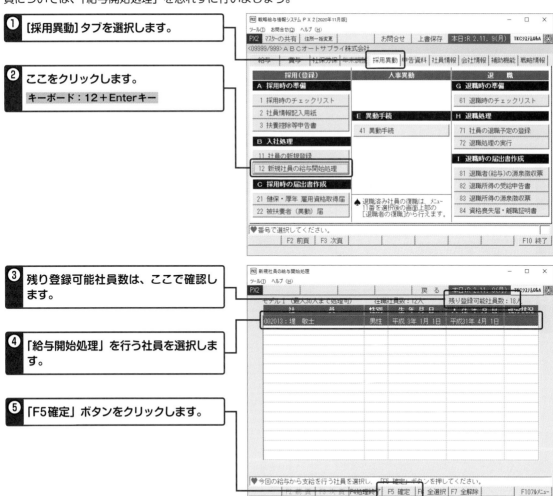

I PX2の概要
II 給与計算の処理方法
III 賞与計算の処理方法
IV ライフイベント（採用・退職・結婚・出産等）ごとの手続き
V 月次更新（年次更新）処理の方法
VI 算定基礎届・月額変更届の作成

（4）「資格取得届」「被扶養者（異動）届」を作成するには

■「資格取得届」を作成するには

① [採用異動] タブを選択します。

② ここをクリックします。
キーボード：21＋Enterキー

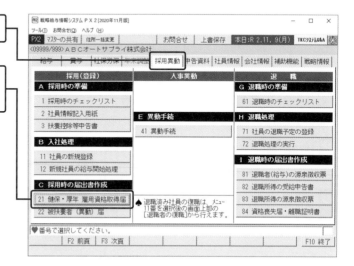

③ 「作成対象月」を指定します。
健康保険、厚生年金保険、雇用保険のいずれかの被保険者で、資格取得日（未入力の場合は入社日）が作成対象月内の社員、70歳以上被用者が一覧に表示されます。退職済み社員は、表示されません。

④ 作成する社員の「提出対象」欄にチェックをつけ、行をダブルクリックします。

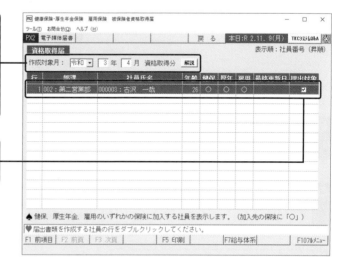

I PX2の概要

II 給与計算の処理方法

III 賞与計算の処理方法

IV ライフイベント（採用・退職・結婚・出産等）ごとの手続き

V 月次更新（年次更新）処理の方法

VI 算定基礎届・月額変更届の作成

⑤ **健康保険・厚生年金保険と雇用保険で
タブに分かれていますので、それぞれ
入力します。**

入力が終了したら、「F4入力終了」ボタン
をクリックします。

000003　古沢　一哉　　　　　　　　　　個人番号：未入力

氏名：古沢　一哉　　　　　　　　　　　　　♥ 氏名・フリガナは、姓と名
氏名フリガナ：フルサワカズヤ　　　　　　　　　 の間を1文字分空けてくだ
　　　　　　　　　　　　　　　　　　　　　　 さい。

| 健保・厚年 | 雇用 |

取得区分：1 健保・厚年

被扶養者の有無：⊙ 有　○ 無

報酬月額（計）：　　225,000 円　　　　♠ 報酬月額は、社員情報の社会保険タブで
通貨：　　　　　225,000 円　　　　　 入力します。
現物：　　　　　　　　円

備考：□1.70歳以上被用者該当　□2.二以上事業所勤務者　□3.短時間労働者
　解説　□4.退職後の継続雇用者　□5.その他（理由：　　　　　　　　　）

住所又は居所：東京都府中市浅間町３－１１－２４
　　　　　　　アルカサルＭＫⅡ２０１号　　　　　♠ 「住所又は居所」は、社員情報
住所又は居所　　　　　　　　　　　　　　　　 の基本情報タブで入力します。
のフリガナ：　　　　　　　　　　　　　　　　 なお、個人番号を印刷する場
　　　　　　　　　　　　　　　　　　　　　　 合、住所は印刷されません。

（個人番号未入力）　○ 海外在住　　　　　　○ 短期在留
理由：　　　　○ その他（理由：　　　　　）　⊙ 未設定

F4入力終了　　F6タブ切替

⑥ **「F5印刷」ボタンをクリックします。**

健康保険・厚生年金保険　雇用保険　被保険者資格取得届
ツール(T)　お問合せ(Q)　ヘルプ(H)
PX2　電子媒体届書　　　　　　　　　　　戻る　本日：R 2.11. 9(月)　TKCシステムQ&A

資格取得届　　　　　　　　　　　　　　　　　表示順：社員番号（昇順）

作成対象月：令和 3 年 4 月 資格取得分　解説

行	部課	社員氏名	年齢	健保	厚年	雇用	最終更新日	提出対象
1	002：第二営業部	000003：古沢　一哉	26	○	○	○	R02.11.09	☑

♠ 健保、厚生年金、雇用のいずれかの保険に加入する社員を表示します。（加入先の保険に「○」）

♥ 届出書類を作成する社員の行をダブルクリックしてください。

F1 前項目　F2 前頁　F3 次頁　　F5 印刷　　F7給与体系　　F10フルメニュー

⑦ **印刷する帳表、印刷順等を指定して、「印
刷開始」ボタンをクリックします。**

前の画面で指定した「作成対象月」で、「提
出対象」にチェックがある社員分が印刷さ
れます。

資格取得届の印刷
ツール(T)　ヘルプ(H)
PX2　　　　　　　　　　　　　　　　　戻る　本日：R 2.11. 9(月)　TKCシステムQ&A

帳表名：資格取得届　　　　　　　　　　提出年月日 令和 3 年 4 月 2 日
作成対象月：令和 2年11月資格取得分

印刷帳表
⊙ 健保・厚年保険資格取得届
○ 雇用保険資格取得届

印刷内容の指定
□ 事業所所在地・名称等

印刷順
⊙ 体系・部課・社員番号　　○ 体系・社員番号
○ 部課・社員番号　　　　　○ 社員番号

個人番号の印刷併記指定
○ 個人番号を印刷
○ 下4桁を印刷
⊙ 「＊」を印刷

プリンタ：SkyPDF Pro Driver　　　　　　　　　　　　　　部数：1

SkyPDF　　印刷開始　　プレビュー　　キャンセル　　記憶

♠ 70歳未満の資格取得届と70歳以上の資格取得届（被用者該当分）は、別々の用紙に印刷します。
F1 前項目　　　　　　　　　　　　　　　　　　　　　　　　F10フルメニュー

「資格取得届」等の印刷について

(1) 氏名およびカナは、印刷欄の大きさ等を踏まえ、次のとおり印刷されます。

帳表名	氏名	氏名フリガナ
健康保険・厚生年金保険 資格取得届	姓・名それぞれ全角9文字まで	姓・名それぞれ半角12文字まで
雇用保険　資格取得届	姓・名、スペースあわせて全角12文字分	所定の文字数（20文字）まで

(2) 70歳未満の「資格取得届」と70歳以上の「資格取得届」（70歳以上被用者該当届）は、別々の用紙に印刷されます。

(3) 日本年金機構によると、70歳以上被用者（健康保険・厚生年金保険の被保険者ではない方）の「種別」「取得区分」「被扶養者」欄は不要（省略可）とのことから、印刷されません。

「資格取得届」の電子媒体作成

　「算定基礎届」等と同様に、健康保険・厚生年金保険の「資格取得届」、雇用保険の「資格取得届」についても電子媒体を作成できます。

　ここでは、雇用保険の「資格取得届」の作成について解説します。

　なお、健康保険・厚生年金保険の「資格取得届」の電子媒体作成の流れは、「算定基礎届」と同様です。

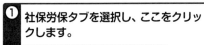
「算定基礎届」の電子媒体を作成するには→174頁

❶ 社保労保タブを選択し、ここをクリックします。

キーボード：「41」＋Enterキー

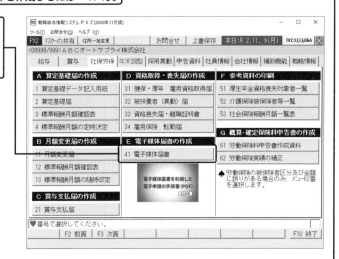

② **この画面が表示されます。**

事業所所在地等は、会社情報をもとに初期表示されます。

内容を確認し必要な場合は入力（修正）します。入力（修正）後、ここをクリックします。

【電子媒体届書の作成画面】

ツール(T) ヘルプ(H)

算定基礎届｜月額変更届｜賞与支払届｜資格取得届｜資格喪失届｜ 転勤届 ｜ e-Gov ｜　TKCシステムQ&A

事業所情報　｜　被保険者氏名等　｜　社保の電子媒体作成｜労保の電子媒体作成｜

─電子媒体届書の提出元─
⦿ 事業所
○ 社会保険労務士
　社労士コード　：　□□□□（4桁）
　社労士登録番号：　□□□□□□□□（8桁）
　社労士氏名　：　□□□□□

事業所整理記号・番号等
　事業所整理記号　：　12 ─ 987
　事業所番号　　　：　123

─事業所所在地等─
　郵便番号　　：〒162-8585
　所在地住所：東京都新宿区揚場町２－１
　　　　　　　軽子坂ＭＮビル５Ｆ
　事業所名称：ＡＢＣオートサプライ　株式会社
　事業主氏名：堤　啓士
　電話番号　：03 ─ 3123 ─ 1234　　　雇用保険の事業所番号・提出先

♥電子媒体届書を作成するには、「社保（労保）の電子媒体作成」タブに進んでください。

F1 前項目　　　　　　　　　　　　　　　　　F6 タブ切替　　　　　　　　　F10フルメニュー

プロからの実務上のアドバイス

●**電子媒体の制限について**

電子媒体では、以下のような制限があります。

①環境依存文字は使えません。

　髙（はしごの高）や﨑（「大」ではなく「立」の﨑）は使用できません。

②氏名の氏と名の間は、全角１文字空ける必要があります。

---

③ **この画面が表示されます。**

「氏名（漢字）」では、氏と名の間に全角１文字分、「氏名（半角カナ）」では、半角１文字分スペースを空けます。

確認（修正）後、ここをクリックします。

【電子媒体届書の作成画面】

ツール(T) ヘルプ(H)

算定基礎届｜月額変更届｜賞与支払届｜資格取得届｜資格喪失届｜ 転勤届 ｜ e-Gov ｜　TKCシステムQ&A

事業所情報　｜　被保険者氏名等　｜　社保の電子媒体作成｜労保の電子媒体作成｜

◆「氏名（漢字・半角カナ）」は、「姓」と「名」との間にスペースを１文字挿入してください。入力方向：

行	体系・部課・社番	健保	厚生	雇用	健保証番号	氏　名（漢字）	氏　名（半角カナ）	項目登録
1	001-000-000001	○			11	堤　啓士	ﾂﾂﾐ ｹｲｼ	
2	002-001-001005	○	○	○	12	足立　文雄	ｱﾀﾞﾁ ﾌﾐｵ	
3	002-004-001007	○	○	○	13	飯田　隆夫	ｲｲﾀﾞ ﾀｶｵ	
4	002-003-001004	○	○	○	14	岡田　紀夫	ｵｶﾀﾞ ﾉﾘｵ	
5	003-000-001000	○	○	○	15	山田　太郎	ﾔﾏﾀﾞ ﾀﾛｳ	
6	003-000-000002	○	○	○	16	鈴木　次郎	ｽｽﾞｷｼﾞﾛｳ	
7	002-001-001002	○	○	○	17	佐藤　誠	ｻﾄｳ ﾏｺﾄ	
8	002-002-001080	○	○	○	18	飯島　良子	ｲｲｼﾞﾏ ﾖｼｺ	
9	004-009-000101	○	○	○	19	山口　留美	ﾔﾏｸﾞﾁ ﾙﾐ	
10	004-009-000105	○	○	○	21	木内　今日子	ｷﾞﾈｳﾁ ｷｮｳｺ	
11	002-003-002012	○	○	○	23	田中　和馬	ﾀﾅｶ ｶｽﾞﾏ	
12	002-002-000003	○	○	○	24	古沢　一哉	ﾌﾙｻﾜｶｽﾞﾔ	

♥「項目登録」ボタンは、健康保険組合又は厚生年金基金に加入している場合に使用します。

F1 前項目　｜ F2 前頁 ｜ F3 次頁 ｜　　　　　 F5 並べ替え｜F6 タブ切替｜F7 縦入力｜ F8 検索 ｜　F10フルメニュー

I PX2の概要
II 給与計算の処理方法
III 賞与計算の処理方法
IV ライフイベント（採用・退職・結婚・出産等）ごとの手続き
V 月次更新（年次更新）処理の方法
VI 算定基礎届・月額変更届の作成

④ **この画面が表示されます。**
作成する届書を選択した後、ここをクリックします。

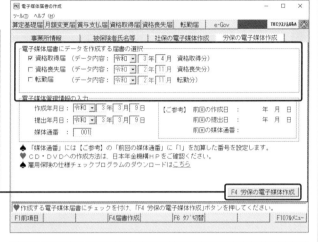

作成年月日や提出年月日は、パソコンの日付が初期表示されるよ！

媒体通番は、電子媒体届書を作成するごとに自動で付番されるよ！

⑤ **この画面が表示されます。**
電子媒体の作成先を選択し、「OK」をクリックします。
1) 「当PC内の任意のフォルダ」を指定した場合は、ファイルの保存画面が表示されます。
2) 「USBメモリ等」を選択した場合は、「ディスク装置の選択」画面が表示されます。

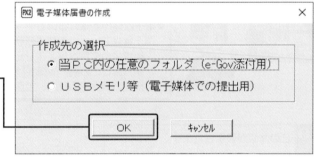

⑥ **作成が終了すると、この画面が表示されます。「OK」をクリックします。**

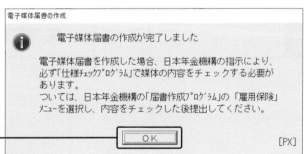

プロからの実務上のアドバイス

●**作成後の注意点**
①ファイル名は変更しないでください。
②ファイルをExcel等で開かないでください。開くと、数字項目の先頭の「0（ゼロ）」が削除されるなどデータ内容が変更され、提出できなくなる場合があります。
③作成先のUSBメモリ等へフォルダやファイルを追加しないでください。

⑦ 電子媒体作成プログラム（日本年金機構ホームページから入手できます）を起動し、ここをクリックします。

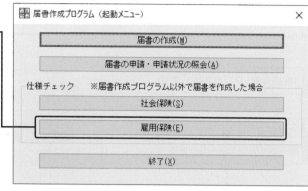

⑧ 前述⑤で作成したデータの格納先（保存先のフォルダ、またはディスク装置）を選択し、ここをクリックしてチェックします。このチェックは必須です。

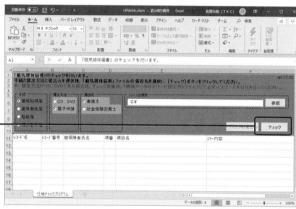

I PX2の概要

II 給与計算の処理方法

III 賞与計算の処理方法

IV ライフイベント（採用・退職・結婚・出産等）ごとの手続き

V 月次更新（年次更新）処理の方法

VI 算定基礎届・月額変更届の作成

■「被扶養者（異動）届」を作成するには

① [採用異動] タブを選択します。

② ここをクリックします。
キーボード：22＋Enterキー

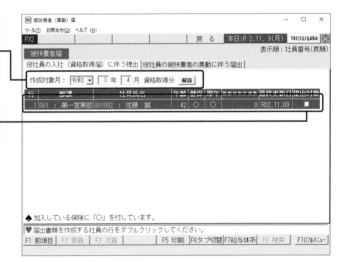

③「作成対象月」を指定します。
健康保険の被保険者で、資格取得日（未入力の場合は入社日）が作成対象月内の社員が一覧に表示されます。

④ 作成する社員の「提出対象」欄にチェックをつけ、行をダブルクリックします。

⑤ 被保険者（社員本人）、配偶者、配偶者
以外の被扶養者（登録人数分）ごとに
タブが分かれていますので、それぞれ
入力します。

入力が終了したら、「F4入力終了」ボタン
をクリックします。

入力項目→112頁

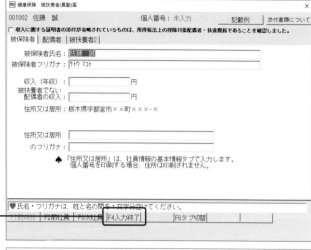

⑥ 「F5印刷」ボタンをクリックします。

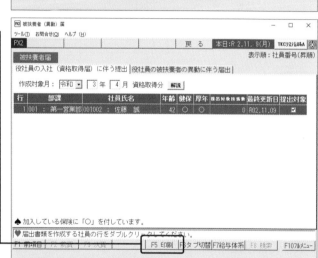

⑦ 印刷対象、印刷帳表、印刷順等を指定
して、「印刷開始」ボタンをクリックし
ます。

前の画面で「提出対象」にチェックがある
社員分が印刷されます。

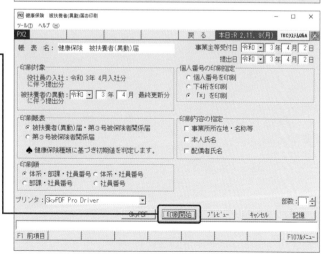

I PX2の概要
II 給与計算の処理方法
III 賞与計算の処理方法
IV ライフイベント（採用・退職・結婚・出産等）ごとの手続き
V 月次更新（年次更新）処理の方法
VI 算定基礎届・月額変更届の作成

■ ［被保険者］ タブの項目

社員情報と同じ項目は、社員情報の内容を参照します。それ以外の次の項目を入力します。

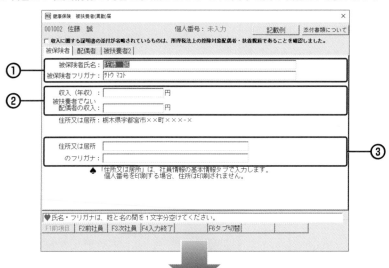

❶ 被保険者氏名、フリガナ

社員情報で、氏名、氏名フリガナの姓と名の間に1文字を入れていない場合は、スペースを入れます。

❷ 収入（年収）、被扶養者でない配偶者の収入

収入（年収）を入力します。

❸ 住所又は居所のフリガナ

社員情報にはない項目のため、ここで入力します。なお、「住所又は居所」は、都道府県から入力する必要があります。

■ ［配偶者］タブの項目（その１）

社員情報の家族情報と同じ項目は、その内容を参照します。 それ以外の次の項目を入力します。

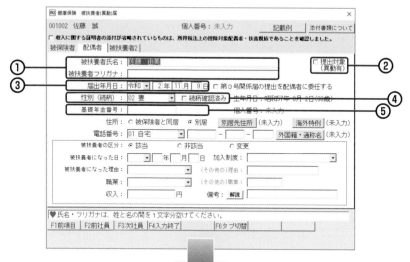

① 被扶養者氏名、フリガナ

社員情報の家族情報で、氏名、氏名フリガナの姓と名の間に1文字を入れていない場合は、スペースを入れます。

② 提出対象（異動有）

被扶養者（異動）届の提出対象の場合、チェックを付けます。

③ 届出年月日

届出を提出する日を入力します。

④ 性別（続柄）

内縁の妻（夫）の場合、「妻（未届）」「夫（未届）」を指定します。

⑤ 基礎年金番号

基礎年金番号を入力します。
マイナンバーを印刷して提出する場合は、入力を省いて差し支えありません。

I PX2の概要
II 給与計算の処理方法
III 賞与計算の処理方法
IV ライフイベント（採用・退職・結婚・出産等）ごとの手続き
V 月次更新（年次更新）処理の方法
VI 算定基礎届・月額変更届の作成

■ [配偶者] タブの項目（その2）

社員情報の家族情報と同じ項目は、その内容を参照します。 それ以外の次の項目を入力します。

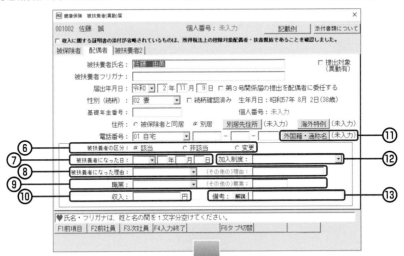

⑥ 被扶養者の区分
該当するものを選択します。

⑦ 被扶養者になった日
被保険者の資格取得届と同時に提出する場合は、取得年月日と同日を入力します。

⑧ 被扶養者になった理由
被保険者の資格取得届と同時に提出する場合、「その他」とし、理由欄に「資格取得」と入力します。

⑨ 職業
該当するものを選択します。

⑩ 収入
今後1年間の収入見込額を記入します。収入には、非課税対象のもの（障害・遺族年金、失業給付、傷病手当等）を含みます。非課税対象となる収入がある場合、別途「受取金額のわかる通知書等のコピー」が必要です。

⑪ 外国籍・通称名
外国人の方の場合、「外国籍・通称名」ボタンから入力します。

⑫ 加入制度
該当するものを選択します。

⑬ 備考
次のような場合に入力します。

● 氏名や生年月日の変更（訂正）等、被扶養者情報に変更がある場合、その内容や理由

● 別居の場合、1回あたりの仕送り金額

● 非課税対象の収入がある場合、その具体的内容（受取金額が確認できる年金通知書等の書類（コピー）の添付が必要です）

● 海外居住者については、海外居住先の住所及び国内協力者が親族の場合は氏名及び続柄

● 事業主が戸籍謄本等で被保険者と被扶養者の続柄を確認した場合、「続柄確認済み」にチェック（被保険者と被扶養者のマイナンバー（個人番号）の記載も必要です）

● 事業主が第3号被保険者の届出の意思を確認した場合、「届出意思確認済み」

I PX2の概要

II 給与計算の処理方法

III 賞与計算の処理方法

IV ライフイベント（採用・退職・結婚・出産等）ごとの手続き

V 月次更新（年次更新）処理の方法

VI 算定基礎届・月額変更届の作成

■ ［被扶養者］タブ（配偶者以外の家族）の項目（その１）

社員情報の家族情報と同じ項目は、その内容を参照します。それ以外の次の項目を入力します。

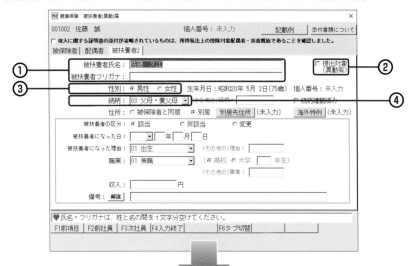

① **被扶養者氏名、フリガナ**

社員情報の家族情報で、氏名、氏名フリガナの姓と名の間に1文字を入れていない場合は、スペースを入れます。

② **提出対象（異動有）**

被扶養者（異動）届の提出対象の場合、チェックを付けます。

③ **性別（続柄）**

該当する方を選択します。

④ **続柄**

該当するものを選択します。

社員情報の家族情報と同じ項目は、その内容を参照します。それ以外の次の項目を入力します。

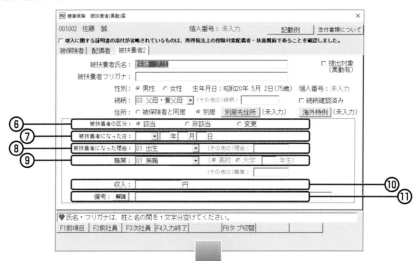

⑥ 被扶養者の区分
該当するものを選択します。

⑦ 被扶養者になった日
被保険者の資格取得届と同時に提出する場合は、取得年月日と同日を入力します。

⑧ 被扶養者になった理由
被保険者の資格取得届と同時に提出する場合、「その他」とし、理由欄に「資格取得」と入力します。

⑨ 職業
該当するものを選択します。

⑩ 収入
今後1年間の収入見込額を記入します。収入には、非課税対象のもの（障害・遺族年金、失業給付、傷病手当等）を含みます。非課税対象となる収入がある場合、別途「受取金額のわかる通知書等のコピー」が必要です。

⑪ 備考
次のような場合に入力します。

- 氏名や生年月日の変更（訂正）等、被扶養者情報に変更がある場合、その内容や理由

- 別居の場合、1回あたりの仕送り金額

- 非課税対象の収入がある場合、その具体的内容（受取金額が確認できる年金通知書等の書類（コピー）の添付が必要です）

- 事業主が戸籍謄本等で被保険者と被扶養者の続柄を確認した場合、「続柄確認済み」にチェック（被保険者と被扶養者のマイナンバー（個人番号）の記載も必要です）

2 社員が退職したとき

最後の給与の支給までに、[採用異動] タブで退職処理を行います。

プロからの
実務上の
アドバイス

●**退職した社員の処理について**
　退職した社員については、「資格喪失届」や「離職証明書」を作成する必要があります。
　また、退職予定が明らかになったときに、退職予定の社員として登録しておくと、処理が漏れるのを防止できます。
　なお、退職処理した社員は、翌月からの給与計算では社員の一覧に表示されなくなります。

1 必要書類の収集・手続き
退職後の社会保険、労働保険の手続上、必要な書類を退職する社員から収集します。

2 社員の退職予定の登録
退職予定の社員として登録しておくことで、その処理が漏れるのを防止できます。

3 当該社員の最後の支給となる給与（賞与）の支給日の入力
退職する社員の最後の支給となる給与（賞与）の支給日を入力します。

4 退職処理の実行
最後の支給の給与（賞与）の処理をする前に、退職処理を実行します。

5 最後の支給となる給与（賞与）の計算
「退職処理の実行」で、「最後の支給」と指定した給与（賞与）を計算します。

6 退職に関する書類の印刷
●資格喪失届　●退職者（給与）の源泉徴収票　●離職証明書（作成資料）等
●退職所得の受給申告書、退職所得の源泉徴収票

I PX2の概要
II 給与計算の処理方法
III 賞与計算の処理方法
IV ライフイベント（採用・退職・結婚・出産等）ごとの手続き
V 月次更新（年次更新）処理の方法
VI 算定基礎届・月額変更届の作成

プロからの実務上のアドバイス

● 「社員の退職予定の登録」と「退職処理の実行」について

PX2では、「社員の退職予定の登録」と「退職処理の実行」（最後の支給の給与（賞与）の指定）という処理を分けています。退職予定を登録した社員は、退職時の届出等の作成対象として表示されます。

その後、「退職処理の実行」を行い、給与または賞与を「月次更新」すると、「退職済み」社員として扱われます。「退職済み」社員は、社員一覧等には初期表示されなくなります。社員の退職予定を登録しても、「退職処理の実行」を行っていない社員は、「退職済み」にはなりません。最後に支給する給与・賞与を処理する前に、「退職処理の実行」を忘れずに行いましょう。

（1）必要書類の収集・手続きについて

退職後の社会保険、労働保険の手続き上、社員から収集しなければならない書類があります。スムーズに退職後の事務処理が行えるように、漏れなく収集しましょう。

■「退職時のチェックリスト」の活用

PX2では、「退職時のチェックリスト」で、収集しなければならない書類、退職後の手続きなどを確認できます。

① [採用異動] タブを選択します。

② ここをクリックします。
　キーボード：61＋Enter キー

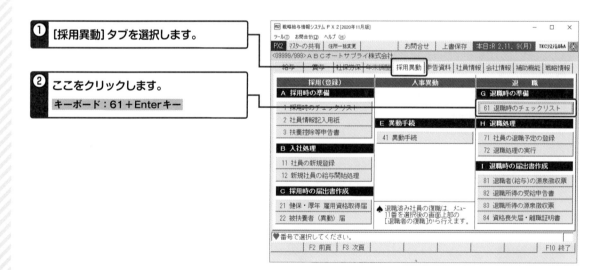

❸ ここをクリックして、印刷します。

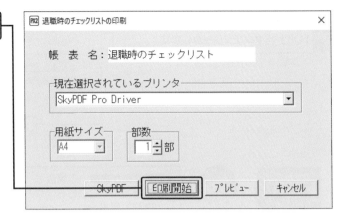

**プロからの
実務上の
アドバイス**

●**退職した社員に家族がいる場合**

　退職した社員に家族（被扶養者）がいる場合、家族の「健康保険者証」も回収が必要です。退職後の社員、家族の通院等に影響がないように、必要に応じて、社員自身が退職後に行う必要がある手続きを、社員に案内しましょう。退職理由や再就職の有無等によって手続きが異なるケースがあります。社員に確認の上、案内してください。

　また、社員が失業給付金の手続きを行う場合、「雇用保険被保険者離職証明書」が必要です。「離職理由」等の記載項目がありますので、「離職証明書」の現物を確認し、不明点は社員に確認しておきましょう。

「離職証明書」（作成資料）の作成→135頁

（2）社員の退職予定を登録するには

❶ [採用異動]タブを選択します。

❷ ここをクリックします。
　キーボード：71＋Enterキー

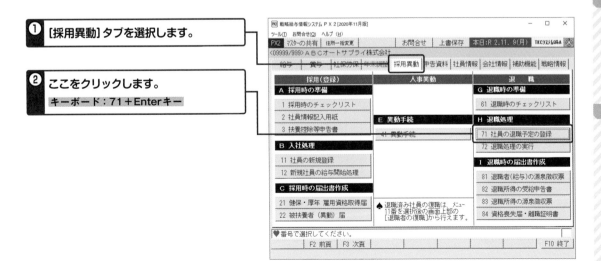

Ⅰ PX2の概要
Ⅱ 給与計算の処理方法
Ⅲ 賞与計算の処理方法
Ⅳ ライフイベント（採用・退職・結婚・出産等）ごとの手続き
Ⅴ 月次更新（年次更新）処理の方法
Ⅵ 算定基礎届・月額変更届の作成

③ 「システムで入力して登録」を選択し、「OK」ボタンをクリックします。

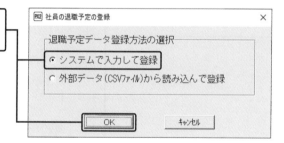

●退職社員が複数いる場合

退職社員が複数いる場合などは、「外部データ（CSVファイル）から読み込んで登録」を選択し、エクセル等で作成した退職予定者を読み込むことができます。

プロからの実務上のアドバイス

④ 注意メッセージを確認し、「OK」ボタンをクリックします。

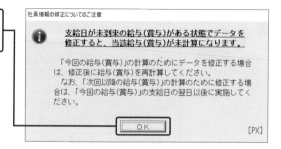

⑤ 退職予定を登録します。

登録が終了したら「F4入力終了」ボタンをクリックします。
キーボード：F4キー

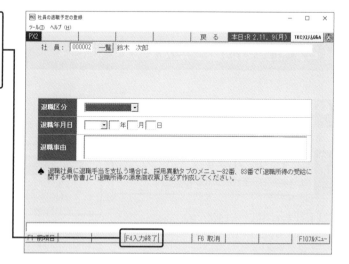

■ 退職予定の登録画面の項目

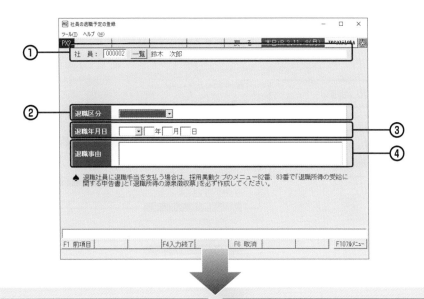

Ⅰ PX2の概要

Ⅱ 給与計算の処理方法

Ⅲ 賞与計算の処理方法

Ⅳ ライフイベント（採用・退職・結婚・出産等）ごとの手続き

Ⅴ 月次更新（年次更新）処理の方法

Ⅵ 算定基礎届・月額変更届の作成

① 社員

退職予定の社員の社員番号を入力するか、「一覧」ボタンから社員を選択します。

② 退職区分

「資格喪失届」「労働者名簿」に印刷されます。

「死亡退職」の場合、「退職処理の実行」で最後の支給として指定した給与（賞与）の所得税計算は行われません（死亡後に支給する給与（賞与）は源泉所得税の対象ではなくなり、相続税の対象になります）。

退職処理の実行→122頁

③ 退職年月日

「資格喪失届」「労働者名簿」「退職所得の受給に関する申告書」「退職所得の源泉徴収票」に印刷されます。

また、退職所得控除額を計算する際の「勤続年数」の計算基礎になります。

④ 退職事由

「資格喪失届」「労働者名簿」に印刷されます。

退職予定の取り消しを行うには

　誤って退職予定を登録した場合、退職の予定がなくなった場合は、「F6取消」ボタンで退職予定を取り消すことができます。

（3）退職処理を実行するには

退職予定を登録しても、「退職処理の実行」（最後の支給の給与（賞与）の指定）を行っていない社員は、退職済みになりません。最後の支給の給与（賞与）の処理をする前に「退職処理の実行」を忘れずに行いましょう。

❶ [採用異動] タブを選択します。

❷ ここをクリックします。
キーボード：72＋Enterキー

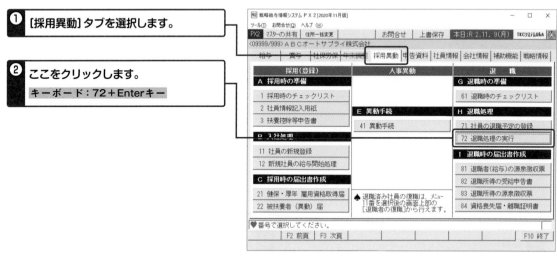

❸ 注意メッセージを確認してください。
「OK」ボタンをクリックします。

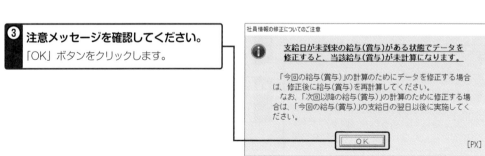

④ 「最後の支給」を「今回の給与」または「今回の賞与」から選択します。

なお、今回の給与・賞与の支給日を入力していない場合、選択肢として表示されません。

│ 支給日の入力→11・60頁 │

⑤ 「F4入力終了」ボタンをクリックします。

│ キーボード：F4キー │

給与（賞与）計算した後に退職処理を行うとどうなる

先に給与（賞与）計算した後に退職処理を実行すると、このメッセージが表示されます。この場合は、メッセージを確認後「OK」ボタンをクリックし、給与（賞与）を再計算します。

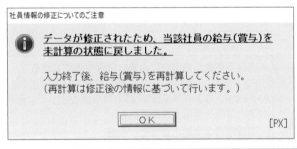

社員情報の修正についてのご注意

ⓘ データが修正されたため、当該社員の給与（賞与）を未計算の状態に戻しました。

入力終了後、給与（賞与）を再計算してください。
（再計算は修正後の情報に基づいて行います。）

OK [PX]

Ⅰ PX2の概要

Ⅱ 給与計算の処理方法

Ⅲ 賞与計算の処理方法

Ⅳ ライフイベント（採用・退職・結婚・出産等）ごとの手続き

Ⅴ 月次更新（年次更新）処理の方法

Ⅵ 算定基礎届・月額変更届の作成

（4）最後の支給となる給与（賞与）の計算について

①最後の支給の給与（賞与）計算

「退職処理の実行」で、「最後の支給」と指定した給与（賞与）を計算します。

手順は、通常の給与（賞与）の場合と同様です。

> 給与計算するには→8頁

②「退職者（給与）の源泉徴収票」「資格喪失届」等の作成

最後の給与（賞与）後、「退職者（給与）の源泉徴収票」や「資格喪失届」等を作成してください。

「退職者（給与）の源泉徴収票」は、社員に渡します。

> 退職者（給与）の「源泉徴収票」の交付→52頁

> 「資格喪失届」「離職証明書」（作成資料）の作成→126頁

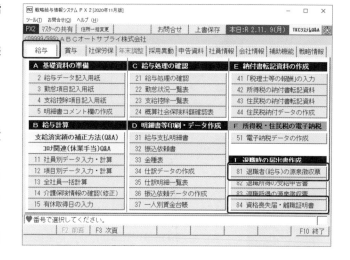

プロからの実務上のアドバイス

●退職金を支払う場合に必要な書類を作成できる

PX2では、［給与］タブ、［賞与］タブ、［採用異動］タブの「82 退職所得の受給申告書」「83 退職所得の源泉徴収票」で、退職金を支払う場合に必要な次の書類を作成できます。

①退職所得の受給に関する申告書

社員に記入して、提出してもらいます。この申告書がない場合、退職金にかかる税金が多くなりますので、必ず提出してもらい、保管しておきましょう。退職日、勤続期間等はあらかじめ印刷されます。

入社年月日が登録されていないと勤続年数は記載されません。

②退職所得の源泉徴収票

税務署、市区町村、社員に、それぞれ一部ずつ提出します。

退職日、勤続期間等は、あらかじめ印刷されます。また、退職金の支払金額を入力することで、勤続期間に基づき退職所得控除額が自動計算され、源泉徴収税額、市町村民税、道府県民税も自動計算されます。

※1「退職所得の受給に関する申告書」のB欄以降（他にも退職金の支給を受けたことがある場合）に該当する場合の自動計算はされません。

※2 役員等勤続年数が5年以下の特定役員退職手当等にかかる計算には対応しています。

I PX2の概要

II 給与計算の処理方法

III 賞与計算の処理方法

IV ライフイベント（採用・退職・結婚・出産等）ごとの手続き

V 月次更新（年次更新）処理の方法

VI 算定基礎届・月額変更届の作成

（5）退職者（給与）の「源泉徴収票」を印刷するには

プロからの実務上のアドバイス

●退職者（給与）の「源泉徴収票」は社員に渡しておこう

　退職する社員がその年中に再就職した場合、「退職者（給与）の源泉徴収票」を再就職先に渡すことで、再就職先で1年間の所得に対して年末調整が行えます。再就職するかどうかわからない場合でも、「退職者（給与）の源泉徴収票」は社員に渡しておきましょう。

　なお、印刷指定画面での設定により、「摘要」欄に「年調未済」の文字を印刷できます。この文字が印刷してあると、再就職先で年末調整が必要であることがわかり易くなります。

最後の給与（賞与）計算後、「退職者（給与）の源泉徴収票」を印刷して社員に渡します。

① **[採用異動]タブを選択します。**

なお、[給与（賞与）]タブでも印刷できます。

② **ここをクリックします。**

キーボード：81＋Enterキー

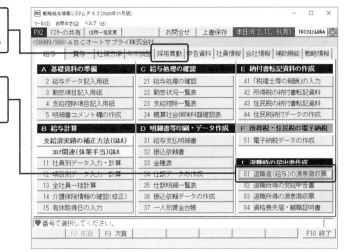

③ **「退職者の一覧」から社員を選択します。**

一覧に社員が表示されない場合は、給与（賞与）が未計算となっていないかを確認します。未計算の場合は、一括で（再）計算します。

給与（賞与）の計算状況を確認するには→34頁

④ **「印刷開始」ボタンをクリックします。**

（6）「資格喪失届」「離職証明書」（作成資料）を作成するには

■「資格喪失届」を作成するには

❶ **［採用異動］タブを選択します。**
なお、［給与（賞与）］タブでも印刷できます。

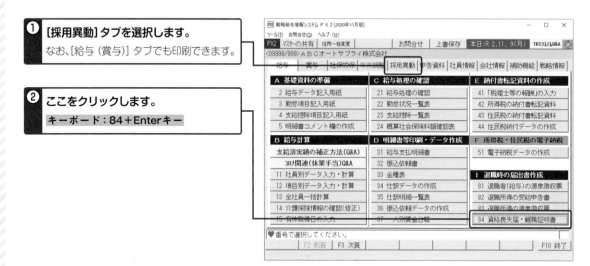

❷ **ここをクリックします。**
キーボード：84＋Enterキー

❸ **ここをクリックします。**
キーボード：1＋Enterキー

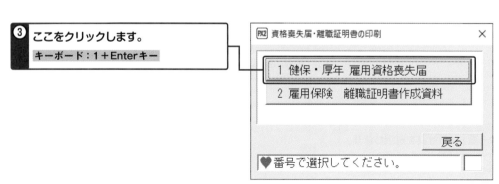

④ **「作成対象月」を指定します。**

健康保険、厚生年金保険、雇用保険のいずれかの被保険者で、退職年月日の翌日が「作成対象月」に含まれる社員が表示されます。

なお、70歳到達社員、75歳到達社員、短時間労働者も資格喪失届を作成するケースがあるため、表示されます。

⑤ **作成する社員の「提出対象」欄にチェックをつけ、行をダブルクリックします。**

⑥ **健康保険・厚生年金保険と雇用保険でタブに分かれていますので、それぞれ入力します。**

入力が終了したら、「F4入力終了」ボタンをクリックします。

入力項目→132頁

⑦ **「F5印刷」ボタンをクリックします。**

Ⅰ PX2の概要

Ⅱ 給与計算の処理方法

Ⅲ 賞与計算の処理方法

Ⅳ ライフイベント（採用・退職・結婚・出産等）ごとの手続き

Ⅴ 月次更新（年次更新）処理の方法

Ⅵ 算定基礎届・月額変更届の作成

⑧ 印刷帳表、印刷順等を指定して、「印刷開始」ボタンをクリックします。

前の画面で指定した「作成対象月」で、「提出対象」にチェックがある社員分が印刷されます。

健康保険・厚生年金保険資格喪失届について、退職の場合と70歳到達による場合とで、様式が異なります。間違いないように「印刷帳表」を選択してください。

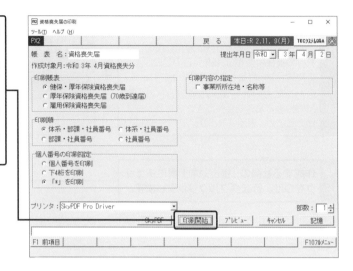

「資格喪失届」の電子媒体作成

「算定基礎届」等と同様に、健康保険・厚生年金保険の「資格喪失届」、雇用保険の「資格喪失届」についても電子媒体を作成できます。

ここでは、雇用保険の「資格喪失届」の作成について解説します。

なお、健康保険・厚生年金保険の「資格喪失届」の電子媒体作成の流れは、「算定基礎届」と同様です。

「算定基礎届」の電子媒体を作成するには→174頁

① [社保労保] タブを選択し、ここをクリックします。

キーボード：「41」＋Enterキー

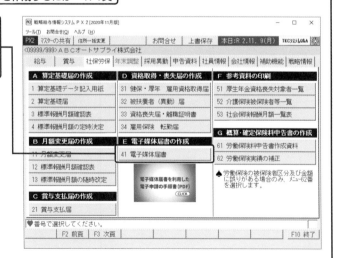

Ⅰ PX2の概要

Ⅱ 給与計算の処理方法

Ⅲ 賞与計算の処理方法

Ⅳ ライフイベント（採用・退職・結婚・出産等）ごとの手続き

Ⅴ 月次更新（年次更新）処理の方法

Ⅵ 算定基礎届・月額変更届の作成

②この画面が表示されます。

事業所所在地等は、会社情報をもとに初期表示されます。

内容を確認し必要な場合は入力（修正）します。入力（修正）後、ここをクリックします。

電子媒体届書の作成

ツール(T)　ヘルプ(H)

算定基礎届｜月額変更届｜賞与支払届｜資格取得届｜資格喪失届｜転勤届｜　e-Gov　TKCシステムQ&A

事業所情報　｜　被保険者氏名等　｜　社保の電子媒体作成　｜　労保の電子媒体作成

電子媒体届書の提出元

◉ 事業所

◯ 社会保険労務士

社労士コード　：　　　　　（4桁）

社労士登録番号：　　　　　　　（8桁）

社労士氏名　：

事業所整理記号・番号等

事業所整理記号　：　12　－　987

事業所番号　　　：　123

事業所所在地等

郵便番号　　：〒162-8585

所在地住所　：東京都新宿区揚場町２－１
　　　　　　　軽子坂ＭＮビル５Ｆ

事業所名称　：ＡＢＣオートサプライ　株式会社

事業主氏名　：堤　啓士

電話番号　　：03　－　3123　－　1234　　　雇用保険の事業所番号・提出先

♥電子媒体届書を作成するには、「社保（労保）の電子媒体作成」タブに進んでください。

F1 前項目　　　　　　　　　　　　　F8 タブ切替　　　　　F10フルメニュー

プロからの実務上のアドバイス

●**電子媒体の制限について**

電子媒体では、以下のような制限があります。

①環境依存文字は使えません。

　髙（はしごの高）や﨑（「大」ではなく「立」の﨑）は使用できません。

②氏名の氏と名の間は、全角1文字空ける必要があります。

---

③この画面が表示されます。

「氏名（漢字）」では、氏と名の間に全角1文字分、「氏名（半角カナ）」では、半角1文字分スペースを空けます。

確認（修正）後、ここをクリックします。

電子媒体届書の作成

ツール(T)　ヘルプ(H)

算定基礎届｜月額変更届｜賞与支払届｜資格取得届｜資格喪失届｜転勤届｜　e-Gov　TKCシステムQ&A

事業所情報　｜　被保険者氏名等　｜　社保の電子媒体作成　｜　労保の電子媒体作成

♠「氏名（漢字・半角カナ）」は、「姓」と「名」との間にスペースを1文字挿入してください。入力方向：

行	体系・部課・社番	健保	厚生	雇用	健保証番号	氏　名（漢字）	氏　名（半角カナ）	項目登録
1	001-000-000001	◯			11	堤　啓士	ツツミ ケイシ	
2	002-001-001005	◯	◯	◯	12	足立　文雄	アダチ フミオ	
3	002-004-001007	◯	◯	◯	13	飯田　隆夫	イイダ タカオ	
4	002-003-001004	◯	◯	◯	14	岡田　紀夫	オカダ ノリオ	
5	003-000-001001	◯	◯	◯	15	山田　太郎	ヤマダ タロウ	
6	003-000-000002	◯	◯	◯	16	鈴木　次郎	スズキ ジロウ	
7	002-001-001002	◯	◯	◯	17	佐藤　誠	サトウ マコト	
8	002-002-001080	◯	◯	◯	18	飯島　良子	イイジマ ヨシコ	
9	004-009-000101	◯	◯	◯	19	山口　留美	ヤマグチ ルミ	
10	004-009-000105	◯	◯	◯	21	木内　今日子	キウチ キョウコ	
11	002-003-002012	◯	◯	◯	23	田中　和馬	タナカ カズマ	
12	002-002-000003	◯	◯	◯	24	古沢　一哉	フルサワカズヤ	

♥「項目登録」ボタンは、健康保険組合又は厚生年金基金に加入している場合に使用します。

F1 前項目｜F2 前頁｜F3 次頁｜　　　F5 並べ替え｜F6 タブ切替｜F7 縦入力｜F8 検索｜　F10フルメニュー

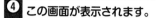

④ この画面が表示されます。

作成する届書を選択した後、ここをクリックします。

作成年月日や提出年月日は、パソコンの日付が初期表示されるよ！

媒体通番は、電子媒体届書を作成するごとに自動で付番されるよ！

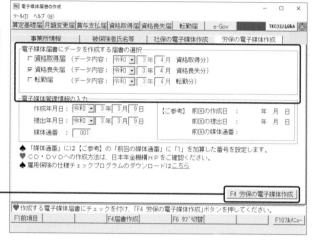

⑤ この画面が表示されます。

電子媒体の作成先を選択し、「OK」をクリックします。

1)「当PC内の任意のフォルダ」を指定した場合は、ファイルの保存画面が表示されます。

2)「USBメモリ等」を選択した場合は、「ディスク装置の選択」画面が表示されます。

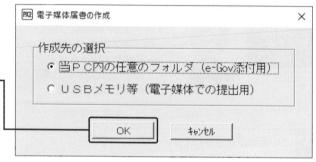

⑥ 作成が終了すると、この画面が表示されます。「OK」をクリックします。

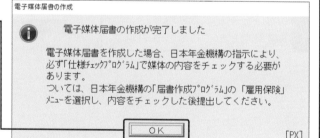

プロからの
実務上の
アドバイス

●作成後の注意点

①ファイル名は変更しないでください。

②ファイルをExcel等で開かないでください。開くと、数字項目の先頭の「0（ゼロ）」が削除されるなどデータ内容が変更され、提出できなくなる場合があります。

③作成先のUSBメモリ等へフォルダやファイルを追加しないでください。

⑦ 電子媒体作成プログラム（日本年金
機構ホームページから入手できます）
を起動し、ここをクリックします。

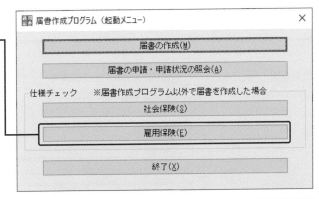

⑧ 前述⑤で作成したデータの格納先（保
存先のフォルダ、またはディスク装
置）を選択し、ここをクリックして
チェックします。このチェックは必
須です。

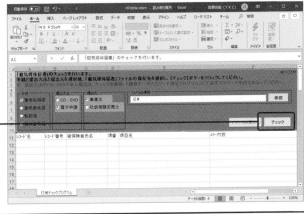

I PX2の概要

II 給与計算の処理方法

III 賞与計算の処理方法

IV ライフイベント（採用・退職・結婚・出産等）ごとの手続き

V 月次更新（年次更新）処理の方法

VI 算定基礎届・月額変更届の作成

■「資格喪失届」の［健保・厚年］タブの入力

社員情報と同じ項目は、社員情報の内容を参照します。それ以外の次の項目を入力します。

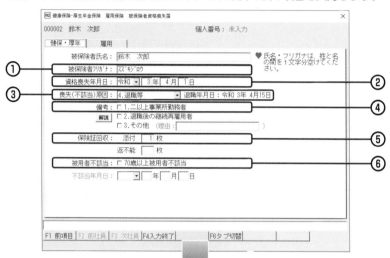

① 被保険者氏名、フリガナ
社員情報で、氏名、氏名フリガナの姓と名の間に1文字を入れていない場合は、スペースを入れます。

② 資格喪失年月日
資格喪失年月日（退職年月日の翌日）が初期表示されます。通常、変更する必要はありません。

③ 喪失（不該当）原因
退職区分に基づき、「4.退職等」「5.死亡」が初期表示されます。通常、変更する必要はありません。

④ 備考
該当する項目にチェックを付けます。

⑤ 保険証回収
回収して喪失届に添付する保険証の枚数、回収できなかった保険証の枚数を入力します。

⑥ 被用者不該当
70歳以上の方が退職（死亡による退職を含みます）にともない被保険者資格を喪失する場合にチェックを付けます。この場合、不該当年月日には退職日（死亡日）を入力します。

プロからの実務上のアドバイス

● **「資格喪失届」の［健康・厚生］タブの「備考」欄についての補足**

資格喪失届［健康・厚生］タブの「備考」欄について補足します。

「1. 二以上事業所勤務者の喪失」は、2か所以上の適用事業所で勤務している被保険者が資格を喪失する場合が該当します。

「2. 退職後の継続再雇用者の喪失」は、60歳以上で、退職した後1日の空白もなく引き続き再雇用される場合が該当します。この場合、「被保険者資格取得届」の提出も必要です。

「3. その他」は、次のような場合が該当し、併せて理由等を入力します。

①転勤により資格を喪失する場合

　備考欄には、「○○年○○月○○日転勤」と入力します。

②厚生年金基金の加入員で、被保険者の資格を取得した月と喪失した月が同じ場合

　備考欄には、「加入員の資格同月得喪」と入力します。

③「資格取得届」を提出後、年金事務所等から確認通知書等が届く前に資格喪失した場合

　備考欄には、「資格取得届提出中」と入力します。

I PX2の概要

II 給与計算の処理方法

III 賞与計算の処理方法

IV ライフイベント（採用・退職・結婚・出産等）ごとの手続き

V 月次更新（年次更新）処理の方法

VI 算定基礎届・月額変更届の作成

■「資格喪失届」の［雇用］タブの項目

社員情報と同じ項目は、社員情報の内容を参照します。それ以外の次の項目を入力します。

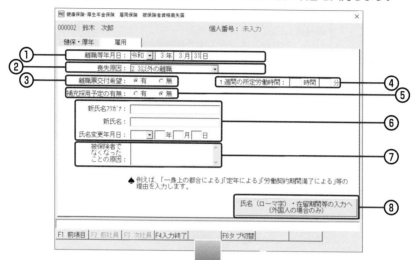

① **離職等年月日**
退職年月日が初期表示されます。通常、変更する必要はありません。

② **喪失原因**
該当する原因を選択します。自己都合退職の場合、「2.3以外の離職」を選択します。

③ **離職票交付希望**
通常、「有」を選択します。離職の日において59歳以上である被保険者については、高年齢雇用継続給付の60歳到達時賃金額の確定のため、「有」を選択します。

④ **1週間の所定労働時間**
離職日現在の1週間の所定労働時間を入力します。20時間未満の場合は、入力しません。

⑤ **補充採用予定の有無**
社員の離職にともなう補充のための採用予定有無を選択します。

⑥ **新氏名フリガナ、新氏名、氏名変更年月日**
本人の氏名に変更があった場合は、新氏名とそのフリガナ、氏名変更年月日を入力します。

⑦ **被保険者でなくなったことの原因**
例えば、「一身上の都合による」「定年による」「労働契約期間の満了による」等を入力します。

⑧ **氏名（ローマ字）・在留期間等**
外国人の場合に、「氏名（ローマ字）・在留期間等の入力へ」ボタンから入力します。

Ⅰ PX2の概要

Ⅱ 給与計算の処理方法

Ⅲ 賞与計算の処理方法

Ⅳ ライフイベント（採用・退職・結婚・出産等）ごとの手続き

Ⅴ 月次更新（年次更新）・処理の方法

Ⅵ 算定基礎届・月額変更届の作成

■「雇用保険離職証明書」（作成資料）の作成

プロからの実務上のアドバイス

● 「雇用保険離職証明書」の作成対象

雇用保険の被保険者が作成対象となります。そのため、役員等で雇用保険の被保険者でない方は作成できません。

印刷した離職証明書（作成資料）をもとに、離職証明書へ転記します。

① [採用異動] タブを選択します。

② ここをクリックします。

キーボード：84＋Enterキー

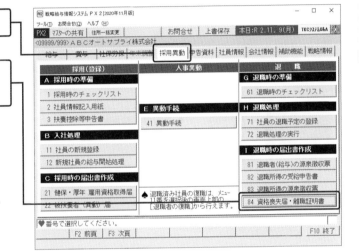

③ ここをクリックします。

キーボード：2＋Enterキー

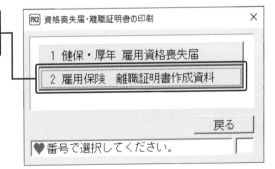

④ 「退職者の一覧」から社員を選択します。

⑤ 「印刷開始」ボタンをクリックします。

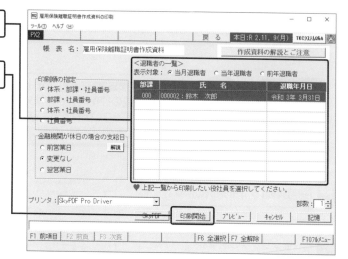

プロからの
実務上の
アドバイス

●退職者の住民税を一括徴収する場合

　退職した人の住民税を一括徴収する場合は、「住民税の納付書転記資料」を
活用しましょう。

「住民税の納付書転記資料」を印刷するには→49頁

「住民税の納付書転記資料」のサンプル帳表→351頁

3 社員や家族等の情報に変更があったとき

社員や家族等の情報に変更があった場合の処理は、次の2種類があります。

(1) 社員情報、家族情報の変更

［社員情報］タブの「1 社員情報の確認・修正」で、社員情報を直接、修正します。

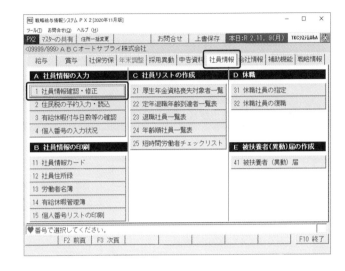

(2) 部課、職種、職階、事業所の異動

［採用異動］タブの「41 異動手続」で、異動日と異動内容を登録します。ここで登録した内容は、「労働者名簿」の履歴欄、社員情報の［キャリア］タブに表示されます。

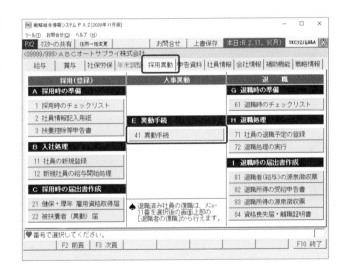

プロからの実務上のアドバイス

● 「41 異動手続」で登録した項目は履歴として管理される

「41 異動手続」で登録した項目は、履歴として管理されます。部課や職階、職種、事務所は「1 社員情報・修正」では直接修正はできません。

I PX2の概要
II 給与計算の処理方法
III 賞与計算の処理方法
IV ライフイベント（採用・退職・結婚・出産等）ごとの手続き
V 月次更新（年次更新）処理の方法
VI 算定基礎届・月額変更届の作成

ここでは、代表的な例として、部課の異動、雇用形態の変更、家族の異動（結婚、出産等）について解説します。また、毎年5月頃に社員の住民税の特別徴収税額通知が届いた場合の処理についても解説します。

部課の異動があったら→138頁

雇用形態の変更があったら→142頁

家族の情報に変更（結婚・出産等）があったら→146頁

住民税の「特別徴収税額通知」が届いたら→337頁

（1）部課の異動があったら

① [採用異動]タブを選択します。

② ここをクリックします。
　キーボード：41＋Enterキー

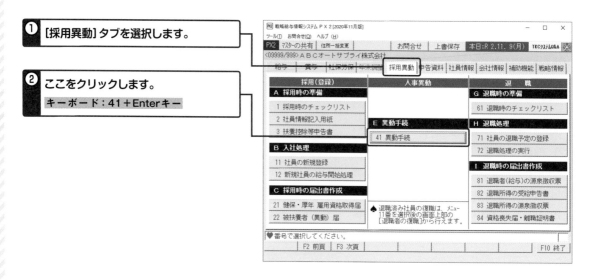

③ **この画面が表示されます。**
「システムで入力して登録」を選択し、[OK]をクリックします。

④ 「異動データの登録（F1）」ボタンをクリックします。

キーボード：F1キー

⑤ 「一覧」ボタンをクリックします。

⑥ 異動があった社員をダブルクリックします。

I PX2の概要

II 給与計算の処理方法

III 賞与計算の処理方法

IV ライフイベント（採用・退職・結婚・出産等）ごとの手続き

V 月次更新（年次更新）処理の方法

VI 算定基礎届・月額変更届の作成

⑦ 異動日を入力します。

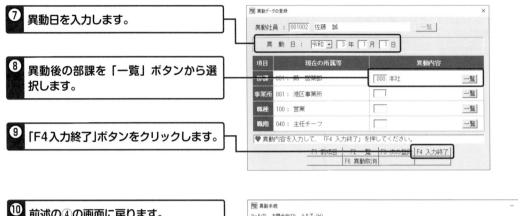

⑧ 異動後の部課を「一覧」ボタンから選択します。

⑨ 「F4入力終了」ボタンをクリックします。

⑩ 前述の④の画面に戻ります。
他に異動があった人がいる場合は、「異動データの登録 (F1)」ボタンをクリックして、④〜⑨の処理を繰り返し行います。

⑪ 異動内容を登録しただけでは、まだ異動内容は反映しません。
登録した行をクリックで選択します。

⑫ 「給与への反映 (F5)」ボタンをクリックします。

⑬ 確認メッセージが続けて2つ表示されます。内容を確認してください。

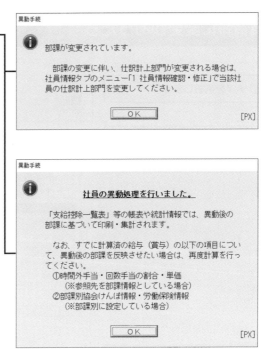

異動手続

ℹ 部課が変更されています。

　部課の変更に伴い、仕訳計上部門が変更される場合は、社員情報タブのメニュー「1 社員情報確認・修正」で当該社員の仕訳計上部門を変更してください。

［OK］

[PX]

異動手続

ℹ **社員の異動処理を行いました。**

「支給控除一覧表」等の帳表や統計情報では、異動後の部課に基づいて印刷・集計されます。

　なお、すでに計算済の給与（賞与）の以下の項目について、異動後の部課を反映させたい場合は、再度計算を行ってください。
　①時間外手当・回数手当の割合・単価
　　（※参照先を部課情報としている場合）
　②部課別協会（けんぽ情報・労働保険情報
　　（※部課別に設定している場合）

［OK］

[PX]

⑭ 「備考」欄に「済」と表示されれば、完了です。

● 職種、職階、事業所に異動があった場合の手順も同様です。前述⑧で異動後の職種、職階、事業所を選択します。

異動手続

ツール(T)　お問合せ(Q)　ヘルプ(H)

TKCシステムQ&A

行	異動対象社員	異動年月日	異動内容				備考
			部　課	事業所	職　種	職　階	
1	001002：佐藤　誠	令和 3年 7月 1日	本社				済
2							
3							
4							
5							
6							
7							
8							
9							
10							
11							
12							

異動データの登録(F1)　　給与への反映(F5)

♥ 異動データを登録する場合は「F1」を、給与へ反映する場合は対象データを指定後「F5」を押してください。　　　1

F1新規登録　　　　　　　　　　　F5給与反映　F6 全選択　F7 全解除　　　　F10 閉じる

I　PX2の概要
II　給与計算の処理方法
III　賞与計算の処理方法
IV　ライフイベント（採用・退職・結婚・出産等）ごとの手続き
V　月次更新（年次更新）処理の方法
VI　算定基礎届・月額変更届の作成

（2）社員情報に変更があったら

❶ [社員情報] タブを選択します。

❷ ここをクリックします。

キーボード：1＋Enter キー

❸ 雇用形態（給与体系等）の変更があった社員をダブルクリックで選択します。

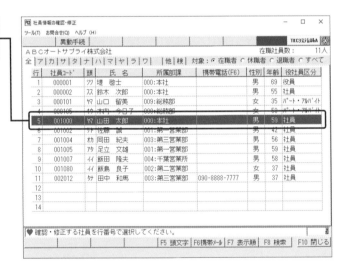

④ **「修正」ボタンをクリックします。**

雇用形態の変更内容としては、パート・アルバイトから正社員への変更（その逆）、正社員から役員への変更（その逆）等が考えられます。

必要に応じて、該当する項目を見直します。

社員情報の修正例→144頁

⑤ **修正が終わったら、「F4修正終了」ボタンをクリックします。**

I PX2の概要

II 給与計算の処理方法

III 賞与計算の処理方法

IV ライフイベント（採用・退職・結婚・出産等）ごとの手続き

V 月次更新（年次更新）処理の方法

VI 算定基礎届・月額変更届の作成

■ 社員情報の修正例

プロからの実務上のアドバイス

● **社員情報に変更があったらすぐに修正を**
雇用形態の変更の他、社員情報に変更があったら、その都度修正します。
社員から変更があったことを連絡してもらう必要がある情報もあります。例えば、通勤手当を通勤手段や距離に応じて支給している場合、社員が引っ越した場合に支給額が変わることもあります。給与体系等に応じて、どのような変更があったときに連絡する必要があるのか、社員に説明しておきましょう。

（1）給与体系、支給・控除額が変わる場合

[税額表等] タブの給与体系、賞与体系を変更します。

給与体系を変更すると、[支給額等] タブの項目が変更後の給与体系の項目に変わりますので、あわせて [支給額等] タブで金額等を変更します。

これらの項目は、給与計算、賞与計算に影響します。

[税額表等] タブ

社員情報の確認・修正
ツール(T)　ヘルプ(H)
社員コード変更　前社員　次社員　　　　就労状況：就労中　　TKCシステムQ&A

社員番号：　001000　山田　太郎

基本情報｜税額表等｜給与振込｜賞与振込｜家族情報｜社会保険｜労働保険｜通勤経路｜支給額等｜連絡先等｜資格等｜◀▶

税額表等
税額表：標準表　税表区分：甲欄
給与体系：003　正社員（製造）　一覧　賞与体系：003　正社員（製造）　一覧

所定労働日数・時間
労働日数：体系情報を参照　20.0 日　労働時間：体系情報を参照　160.00 時間

住民税納付先市町村
納付先：13114　中野区　一覧　（住所地：13206　府中市　　　）

職階等
役社員区分：社員　（ ○常勤 ○非常勤）　役職名：係長
入社日：昭和 57年 4月 1日　前職　入社39年目
職種：101 製造　一覧　職階：031 係長代理　一覧
仕訳計上部門：100 東京本社　一覧

有休付与
有休付与パターン：体系情報を参照
有休付与起算日：昭和 57年 4月 1日　有休1日の時間数：　8 時間

F1 前項目　　　　F4修正終了 F5修正取消 F6タブ切替 F7前職実績　　F10 閉じる

[支給額等] タブ

社員情報の確認・修正
ツール(T)　ヘルプ(H)
削除　社員コード変更　前社員　次社員　　　　就労状況：就労中　　TKCシステムQ&A

社員番号：　001000　山田　太郎

基本情報｜税額表等｜給与振込｜賞与振込｜家族情報｜社会保険｜労働保険｜通勤経路｜支給額等｜連絡先等｜資格等｜◀▶

行	項目番号	項 目 名	項目属性	設定の参照先	金額／単価／割合
1	1	基本給	固定		300,000 円
2	2	役付手当	固定		10,000円
3	3	職務手当	固定		5,000円
4	4	資格手当	固定		40,000円
5	5	特別手当	変動		
6	6	業績手当	計算式		
7	8	住宅手当	固定		8,400円
8	9	家族手当	固定		7,000円
9	10	食事手当	固定		3,000円
10	11	皆勤手当	準固定		円
11	12	その他	準固定		円
12	16	課税通勤手当	－		（自動計算）

♠ 6月～5月の住民税額の予約入力は、社員情報タブ「2 住民税の予約入力・読込」で行えます。

F1 前項目　　　　F4修正終了 F5修正取消 F6タブ切替 F7 控除へ F8時間外へ　F10 閉じる

（2）役員、社員等の職階等が変わる場合

[税額表等]タブの役社員区分、役職名を変更します。

役社員区分は、社会保険・雇用保険の届出の集計等に影響します。

なお、職種、職階を変更する場合は、部課の異動等と同じ手順で変更します。社員情報の確認・修正画面では変更できません。

部課の異動があったら→138頁

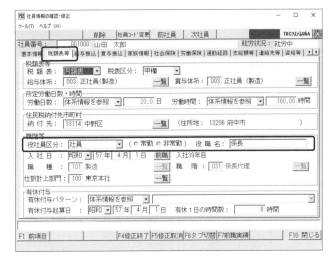

（3）健康保険、厚生年金保険の被保険者になる場合

[社会保険]タブの被保険者にチェックを付け、資格取得日、報酬月額等を入力します。

なお、資格取得の場合、PX2で資格取得届を作成できます。

「資格取得届」「被扶養者届」の作成→104頁

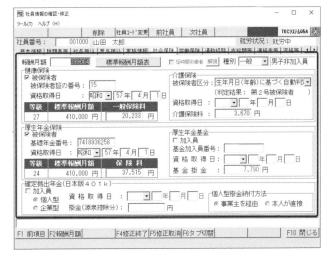

I PX2の概要
II 給与計算の処理方法
III 賞与計算の処理方法
IV ライフイベント（採用・退職・結婚・出産等）ごとの手続き
V 月次更新（年次更新）処理の方法
VI 算定基礎届・月額変更届の作成

（3）家族の情報に変更（結婚・出産等）があったら

■ 家族等の情報を修正するには

プロからの
実務上の
アドバイス

●**家族情報を正確に入力するには**

　家族情報は源泉所得税の計算に影響します。変更があれば、「扶養控除等申告書」を再度提出してもらいましょう。「扶養控除等申告書」は［年末調整］タブで印刷できます。選択により、現在の社員情報や家族情報を印刷できます。修正の場合、修正箇所を二重線で消し、修正内容を記入してもらいましょう。

　家族の異動により、「扶養控除等申告書」に記載しないこととなった（源泉控除対象配偶者や扶養親族でなくなった）場合でも、PX2の家族情報ではその家族を削除せずに、扶養区分を変更し、異動事由を入力しましょう。そうすることで、扶養親族でなくなった理由等を後で確認できます。また、再度異動があり扶養親族に戻った場合に、扶養区分を変更するだけで、改めて追加入力する必要がなくなります。

❶ ［社員情報］タブを選択します。

❷ ここをクリックします。

　　キーボード：1＋Enterキー

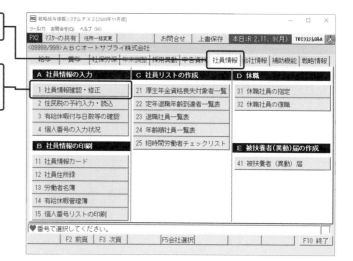

③ 本人、家族の情報に変更があった社員
をダブルクリックで選択します。

④ [家族情報]タブを開き、ここをクリックします。

⑤ 「行追加」「行修正」ボタンをクリックすると家族情報の詳細画面が表示されます。

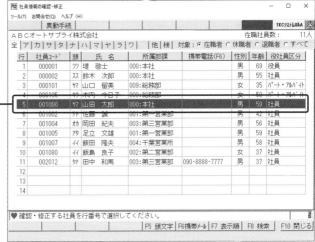

I PX2の概要

II 給与計算の処理方法

III 賞与計算の処理方法

IV ライフイベント（採用・退職・結婚・出産等）ごとの手続き

V 月次更新（年次更新）処理の方法

VI 算定基礎届・月額変更届の作成

147

⑥ 詳細画面で入力が終了したら「F4入力終了」ボタンをクリックします。

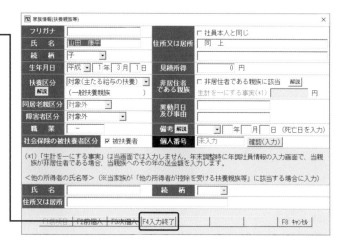

⑦ 社員情報画面に戻るので、「F4修正終了」ボタンをクリックします。

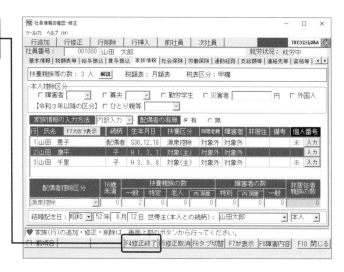

プロからの実務上のアドバイス

● 家族が亡くなった場合

　家族が亡くなった場合でも、その年は亡くなった家族分の所得税の控除を受けることができます。

　家族が亡くなった場合、PX2の家族情報ではその家族を削除せずに、家族詳細画面の「備考」欄に亡くなった日を入力してください。これにより、年末調整時、亡くなった家族も含めて所得税の控除額が計算されます。

■ 家族手当等の修正

　家族の人数等に基づき家族手当を支給している場合は、手当の金額に変更がないか確認し、変更がある場合は、併せて社員情報の［支給額等］タブで手当の金額を変更しましょう。

① ［支給額等］タブを開き、手当の金額を変更します。

② 家族情報の変更とあわせて入力が終わったら、「F4修正終了」ボタンをクリックします。

■ 社会保険の「被扶養者（異動）届」の作成

　PX2では、社会保険の「被扶養者（異動）届」を作成できます。

① ［採用異動］タブを選択します。

② ここをクリックします。
キーボード：22＋Enterキー

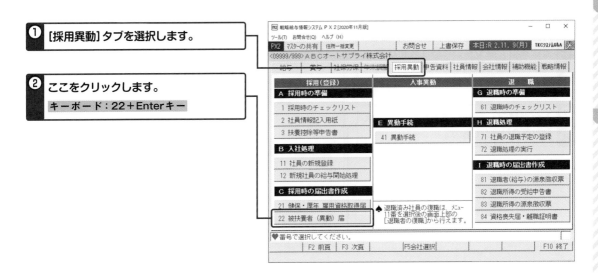

I PX2の概要

II 給与計算の処理方法

III 賞与計算の処理方法

IV ライフイベント（採用・退職・結婚・出産等）ごとの手続き

V 月次更新（年次更新）処理の方法

VI 算定基礎届・月額変更届の作成

③ [役社員の被扶養者の異動に伴う届出]
タブを表示します。

届出を作成する必要がある社員の「提出対
象」欄にチェックをつけ、行をダブルクリッ
クします。

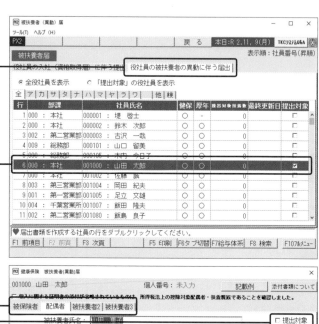

④ 被保険者（社員本人）、配偶者、配偶者
以外の被扶養者（登録人数分）ごとに
タブが分かれています。

⑤ 今回、被扶養者となる家族または被扶
養者でなくなる家族についてのみ、「提
出対象（異動有）」にチェックを付けま
す。

⑥ 「被扶養者の区分」を「非該当」にし、
被扶養者でなくなった日（異動があっ
た日）、理由を入力します。

⑦ 入力が終了したら、「F4入力終了」ボ
タンをクリックします。

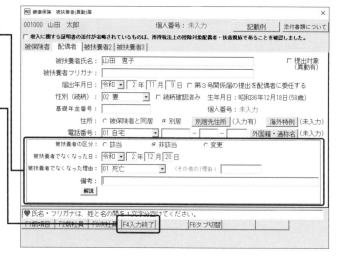

I PX2の概要

II 給与計算の処理方法

III 賞与計算の処理方法

IV ライフイベント（採用・退職・結婚・出産等）ごとの手続き

V 月次更新（年次更新）処理の方法

VI 算定基礎届・月額変更届の作成

⑧「F5印刷」ボタンをクリックします。

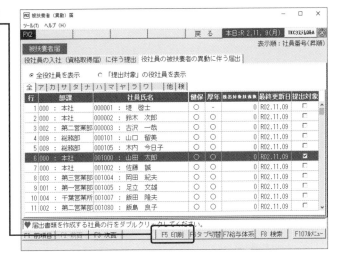

⑨ 印刷対象、印刷帳表、印刷順等を指定して、「印刷開始」ボタンをクリックします。

前の画面で「提出対象」にチェックがある社員、家族分が印刷されます。

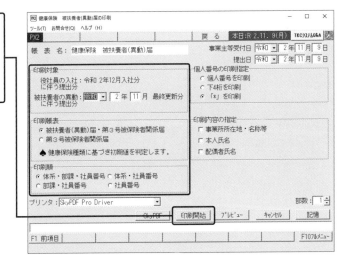

V 月次更新（年次更新）処理の方法

1 月次更新（年次更新）処理を実施しよう

2 月次更新処理の方法を確認しよう

　「月次更新」とは、その月の給与・賞与を確定することです。「月次更新」を行うと、前月の勤怠、支給控除のデータが確定され、遡って直接修正することができなくなります。

　また、「概算社会保険料額確認表」等の帳表を印刷できなくなります。そういう意味では、更新のタイミングは慎重に定める必要があります。

　「月次更新」をした後、あるいは給与を支給してしまった後に、当月や前月さらには前月より前の給与データを修正しなければならないケースが起きてしまった場合、それぞれの状況によって対処方法は変わります。詳しくはTKC会計事務所にご相談ください。

プロからの実務上のアドバイス

● 遡及訂正は禁止している
　FXシリーズのデータとの整合性を確保するため、「月次更新」を行い、遡及訂正を禁止する仕組みとしています。

■ 月次更新のタイミング

　「月次更新」は、翌月の給与処理を開始する前に行います。

　ただし、翌月の給与計算処理のため、社員の登録や社員情報の修正が必要な場合は、これらの登録、修正を行う前に「月次更新」を行います。

　なお、「年次更新」は、翌年1月からの給与処理を開始する前に行います。

■「月次更新」を行う場合の注意点

①前月（前回）入力した勤怠、支給控除のデータが確定され、遡って直接修正することができなくなります。

②以下の帳表の印刷、操作ができなくなります。

　● 概算社会保険料額確認表

　● 仕訳明細一覧表

　● 仕訳データ作成

③「年次更新」では、上記の他、年末調整に関する帳表印刷、計算処理ができなくなります。

■「月次更新」で行う処理

「月次更新」では次の処理を行います。

月次更新処理の手順→156頁

①電源断等によるハードディスクの破損に備え「月次更新」前のデータをバックアップします。
②データを更新し、処理月分が1か月先に進みます。

年次更新ではその年の年末調整結果が確定します。

●バックアップ先のUSBメモリ等の管理のポイント
　バックアップ先のUSBメモリ等は、万一の事態に備え、「奇数月」と「偶数月」で分けて管理しましょう。
　また、年末調整した後、更新する際は、普段の「月次更新」用の記録媒体とは別に、「年次更新」用のUSBメモリ等を用意し、データをバックアップすることが望ましいでしょう。これにより、年末調整のやり直しが必要となる場合にも対処しやすくなります。

●「月次更新」後に前月以前の給与データを修正したい場合
　「月次更新」後に前月以前の給与データを修正したい場合、あるいは給与支給後に当月の給与データを修正したい場合、バックアップしたデータを復元して処理をやり直すのがよいのか、それとも翌月の給与で差額を調整するのがよいのかなど、とるべき対処は変わってきます。詳しくはTKC会計事務所にご相談ください。

「月次更新」と「年次更新」の違いとは

　PX2では、「月次更新」と表示する時と、「年次更新」と表示する時とがあります。この違いは、次のとおりです。

1．月次更新

　以下の2に記載する処理月を除き、毎月の給与（賞与）計算では「月次更新」と表示されます。そのため、以下の①②に該当する処理月では、「月次更新」と表示されます。
①年調対象期間を「1月1日～12月31日」と設定している。
②11月分12月支給の給与（賞与）を処理中である。

2．年次更新

　月分が12月の時（処理年分が翌年に切り替わる月の時）に限り、「年次更新」と表示されます。

I PX2の概要

II 給与計算の処理方法

III 賞与計算の処理方法

IV ライフイベント（採用・退職・結婚・出産等）ごとの手続き

V 月次更新（年次更新）処理の方法

VI 算定基礎届・月額変更届の作成

2 月次更新処理の方法を確認しよう

ここでは、月次更新処理の具体的な手順について説明します。この章では、社員ごとに給与を入力する場合の手順を説明します。

■ 月次更新処理の手順について

① [給与] タブを選択します。

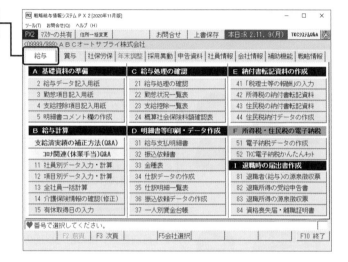

② ここをクリックします。

キーボード：11＋Enterキー

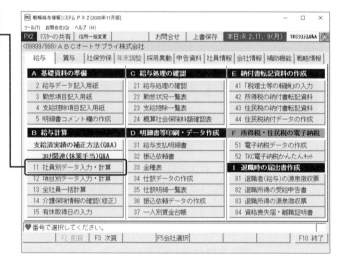

③ この画面で、処理中の月が表示されますので、ここをクリックします。

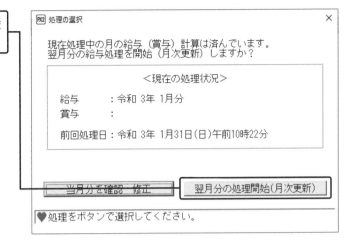

処理の選択

現在処理中の月の給与（賞与）計算は済んでいます。
翌月分の給与処理を開始（月次更新）しますか？

＜現在の処理状況＞

給与　　　：令和 3年 1月分
賞与　　　：

前回処理日：令和 3年 1月31日(日)午前10時22分

当月分を確認・修正　　　　　　翌月分の処理開始(月次更新)

♥処理をボタンで選択してください。

★翌月分の処理を開始（月次更新）すると・・・

「現在処理中の月」の給与データ（上記の画面では令和3年1月分）は修正できなくなります。
翌月分の処理開始にあたっては、「現在処理中の月」が確定している（もう修正しない）ことを確認してください。

④ この画面が表示されます。メッセージを確認して、「続行」をクリックします。

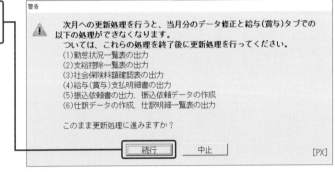

警告

⚠ 次月への更新処理を行うと、当月分のデータ修正と給与（賞与）タブでの以下の処理ができなくなります。
ついては、これらの処理を終了後に更新処理を行ってください。
(1)勤怠状況一覧表の出力
(2)支給控除一覧表の出力
(3)社会保険料額確認表の出力
(4)給与（賞与）支払明細書の出力
(5)振込依頼書の出力、振込依頼データの作成
(6)仕訳データの作成、仕訳明細一覧表の出力

このまま更新処理に進みますか？

続行　　　　中止　　　　　　　　　[PX]

⑤ **バックアップデータの作成画面が表示されます。「作成開始」をクリックします。**

ハードディスク以外のUSBメモリ等への作成をお薦めします。

PX2 PX2 バックアップデータの作成　　　　　　　　　×

PX2のバックアップデータを作成します。

分類コード　：09999/999
商号　　　　：ＡＢＣオートサプライ株式会社
データ容量　：約 15ＭＢ
前回実施　　：令和 2年11月 9日 10時17分

♠ 安全性を高めるため、複数のリムーバブルディスク (DVD-RAM等)を交替で利用してバックアップすること を推奨します。

作成先装置：[USB ドライブ (G:) ▼]　[データ確認]

（「リムーバブルディスク」はＵＳＢフラッシュメモリ等を表します。）

☑ 書き込み後ファイルをチェックする。（処理時間が約2倍かかります。）

[作成開始]　[キャンセル]

**プロからの
実務上の
アドバイス**

●**バックアップデータは大切に保管しよう**

　パソコンやデータの破損といった万一の事態に備え、バックアップデータは大切に保管してください。バックアップする媒体は、「奇数月」「偶数月」用を分けて使用するのが安全です。

こんなメッセージが表示された場合は

月次更新処理を進めるなかで、以下のようなメッセージが表示されることがあります。
それぞれ対応が異なりますので、しっかり確認しましょう。

❶ このメッセージは、FX連動用仕訳データが未作成の時に表示されます。メッセージを確認し、処理を進めてください。

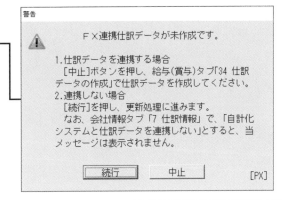

❷ このメッセージは、更新する給与より前の支給日で賞与が支給されている場合に表示されます。賞与支払明細書を交付済みである等、処理は終えているのであれば、「続行」ボタンをクリックします。

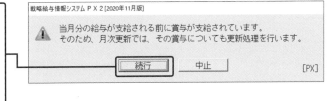

❸ このメッセージは、個人番号が未入力の社員や家族がいる場合に表示されます。年末調整までに収集しておきましょう。

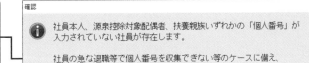

I PX2の概要
II 給与計算の処理方法
III 賞与計算の処理方法
IV ライフイベント（採用・退職・結婚・出産等）ごとの手続き
V 月次更新（年次更新）処理の方法
VI 算定基礎届・月額変更届の作成

VI 算定基礎届・月額変更届の作成

1 「算定基礎届」を作成するには

2 「月額変更届」を作成するには

「算定基礎届」を作成するには

（1）「算定基礎届」の概要と作成の流れを確認しよう

　当年4月～6月支給分の給与実績に基づき、毎年7月10日までに提出することとされている社会保険の「被保険者報酬月額算定基礎届」（以下、「算定基礎届」）について、紙の届書や電子媒体届書を作成できます。

プロからの実務上のアドバイス

● **PX2で作成した「算定基礎届」は年金事務所にそのまま提出できる**
　PX2で作成した「算定基礎届」は、年金事務所（広域事務センター）へそのまま提出できます。健康保険組合や厚生年金基金へ提出する場合は、事前に提出可能かどうかを各加入先へ確認しておきましょう。

■「算定基礎届」の作成の流れ

　電子媒体で提出する場合も含めた流れは以下のとおりです。紙で提出する場合は、①および②までで、③以降の処理は不要です。

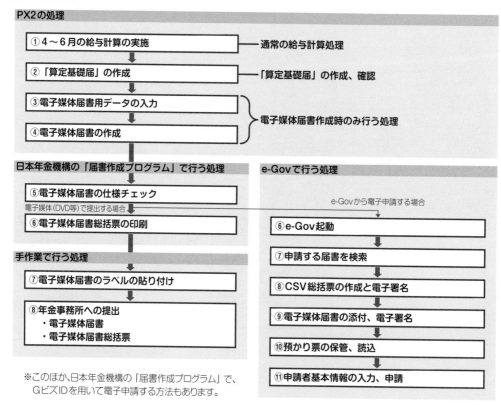

PX2の処理

①4～6月の給与計算の実施	── 通常の給与計算処理
②「算定基礎届」の作成	── 「算定基礎届」の作成、確認
③電子媒体届書用データの入力	┐ 電子媒体届書作成時のみ行う処理
④電子媒体届書の作成	┘

日本年金機構の「届書作成プログラム」で行う処理

⑤電子媒体届書の仕様チェック

電子媒体（DVD等）で提出する場合

⑥電子媒体届書総括票の印刷

手作業で行う処理

⑦電子媒体届書のラベルの貼り付け

⑧年金事務所への提出
・電子媒体届書
・電子媒体届書総括票

e-Govで行う処理

e-Govから電子申請する場合

⑥e-Gov起動

⑦申請する届書を検索

⑧CSV総括票の作成と電子署名

⑨電子媒体届書の添付、電子署名

⑩預かり票の保管、読込

⑪申請者基本情報の入力、申請

※このほか、日本年金機構の「届書作成プログラム」で、GビズIDを用いて電子申請する方法もあります。

プロからの実務上のアドバイス

● 「算定基礎データ記入用紙」の活用
　PX2では、「算定基礎届」の作成に当たり、対象者や金額を確認（修正）するため、「算定基礎データ記入用紙」を印刷できます。これを活用し、事前にデータを整理しておくと、作成が非常にスムーズです。是非、活用しましょう。

（2）「算定基礎届」を作成するには

① 6月支給分の給与計算を終えた後、[社保労保] タブを選択し、ここをクリックします。

　キーボード：2＋Enterキー

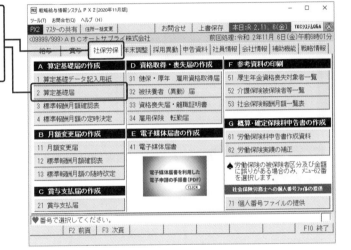

② この画面が表示されます。

「社員表示順」と「月給者等の支払基礎日数の算定方法」を指定します。

「月給者等の支払基礎日数の算定方法」は、選択肢を確認し、該当する方を選択します。

③ 「OK」をクリックします。

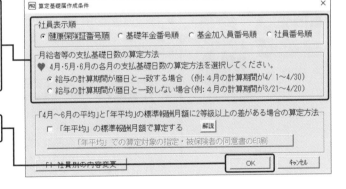

I　PX2の概要

II　給与計算の処理方法

III　賞与計算の処理方法

IV　ライフイベント（採用・退職・結婚・出産等）ごとの手続き

V　月次更新・年次更新処理の方法

VI　算定基礎届・月額変更届の作成

④ この画面が表示されます。

4月から6月の給与の実績が集計、表示されます。以下のようなケースに該当する人については、補正（内容の変更）が必要です。

1) 作成対象としない
2) 現物支給がある
3) 従前の改定月が空欄
4) 通勤手当を3か月ごと、6か月ごとにまとめて支給されている
5) 70歳以上やパートである
6) 遡り支給がある
7) 遅配がある
8) その他、給与の支給金額の補正や、算定対象からの除外が必要である

社員ごとにデータを確認・補正するには→165頁

PX2 算定基礎届の作成　ツール(T)　お問合せ(Q)　ヘルプ(H)　　　　　本日:R 2.11. 6(金) TKCシステムQ&A
PX2 電子媒体届書 / 従前月入力　　　　　　戻　る

算定基礎届の作成　集計期間:令和 2年 4月～令和 2年 6月　　表示社員:社会保険被保険者

①整理番号	②氏名			③生年月日		④適用年月	⑤個人番号
⑤従前の標準報酬月額		⑥従前改定月	⑦昇(降)給		⑧遡及支払額		
⑨支給月	⑩基礎日数	報酬月額			⑪総計		⑫備考
		⑪通貨の額	⑫現物の額	⑬合　計	⑭平均額		
					⑮修正平均		
①	15	②山田　太郎		③ 5-360405		④ 2年 9月	⑤ 未入力
1	⑤健 410千円	厚 410千円	⑥ 1年 9月	⑦			
	④ 4月 30	398,713	0	⑬ 398,713	⑭ 1,290,516		
	5月 31	391,400	0	391,400	⑮ 430,172		
	6月 30	500,403	0	500,403	⑮		
①	16	②鈴木　次郎		③ 5-401010		④ 2年 9月	⑤ 未入力
2	⑤健 440千円	厚 440千円	⑥ 1年 9月	⑦			
	④ 4月 30	452,219	0	⑬ 452,219	⑭ 1,299,944		
	5月 31	425,725	0	425,725	⑮ 433,314		
	6月 30	422,000	0	422,000	⑮		
①	17	②佐藤　誠		③ 5-530601		④ 2年 9月	⑤ 未入力
3	⑤健 500千円	厚 500千円	⑥ 1年 9月	⑦			
	④ 4月 30	484,668	0	⑬ 484,668	⑭ 1,384,668		
	5月 31	449,500	0	449,500	⑮ 461,556		
	6月 30	450,500	0	450,500	⑮		

♥ データを編集する場合は、行を選択するか[F1内容変更]で対象社員を選択してください。

| F1内容変更 | F2 前頁 | F3 次頁 | F4確認終了 | F5 印刷 | F6表示対象 | F8作成条件 | F107ルメニュー |

プロからの実務上のアドバイス

● **「算定基礎届」の提出が不要の人とは**

7月1日現在のすべての被保険者が「算定基礎届」の対象となりますが、下記の①～③のいずれかに該当する人は提出不要です。

①6月1日以降に資格取得した人
②6月30日以前に退職した人
③7月改定の月額変更届を提出する人（月額変更予定にチェック）

社員ごとにデータを確認・補正するには→165頁

プロからの実務上のアドバイス

● **「算定基礎届の作成」画面に表示される人、されない人の違い**

この画面には、「表示される人」「表示されない人」「表示されるが原則として提出不要な人」に分かれます。それぞれの違いについては次のとおりです。

①表示される人

7月1日時点で在職している次の人

1) 健康保険、厚生年金保険の被保険者
2) 70歳以上の人（年金額の調整の関係で原則として提出が必要なため）

②表示されない人

70歳未満で、健康保険・厚生年金保険の被保険者でない人

③表示されるが提出不要な人

1) 6月1日以降に資格取得した人
2) 6月30日以前に退職した人
3) 7月改定の月額変更届を提出する人 [※]

※年金事務所（広域事務センター）での処理の都合で、提出を要する場合もあります。

プロからの実務上のアドバイス

● **自動集計された金額に過不足がある場合**

自動集計された金額に過不足がある場合、その原因は支給項目のいずれかが社会保険の「報酬」として設定されていないためと考えられます。

設定を変更する際は、TKC会計事務所へご相談ください。

支給項目の設定を確認（変更）するには→310頁

（3）社員ごとにデータを確認・補正するには

❶ 「算定基礎届の作成」画面で、ここをクリックします。

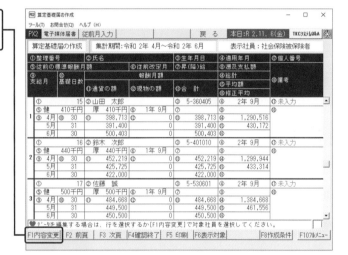

❷ この画面が表示されますので、確認、補正（内容変更）したい社員を選択し、「OK」をクリックします。

Ⅰ PX2の概要
Ⅱ 給与計算の処理方法
Ⅲ 賞与計算の処理方法
Ⅳ ライフイベント（採用・退職・結婚・出産等）ごとの手続き
Ⅴ 月次更新（年次更新）処理の方法
Ⅵ 算定基礎届・月額変更届の作成

❸ この画面が表示されますので、以下の1)以降のように、該当する方について補正していきます。

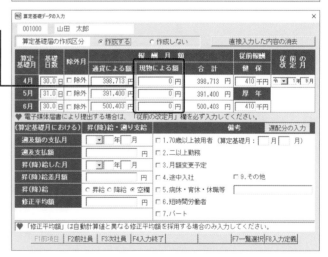

1) 作成対象としない場合は、この区分を「作成しない」とします。

紙の届書および電子媒体届書の作成対象外となります。

2) 現物支給がある場合は、「現物による額」欄に金額を入力します。

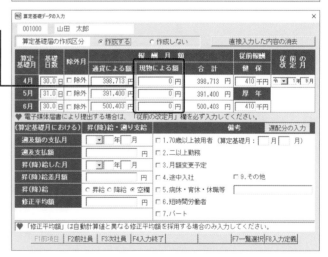

I PX2の概要

II 給与計算の処理方法

III 賞与計算の処理方法

IV ライフイベント（採用・退職・結婚・出産等）ごとの手続き

V 月次更新（年次更新）・処理の方法

VI 算定基礎届・月額変更届の作成

プロからの実務上のアドバイス

●会社負担による食事等の現物給与について

会社負担による食事等の現物給与は、全国現物給与価額一覧表から求めた価額を入力します。

3) 「従前の改定月」欄が空欄の場合は、ここに現在の社員情報の標準報酬月額になった月を入力します。具体的には次のいずれかの年月です。

a.前年の算定基礎届で改定された
　→前年9月

b.前回の月額変更届で改定された
　→前回の改定月

c.入社時の資格取得届提出時に届け出た
　→入社した年月

PX2 算定基礎データの入力

001000　山田　太郎

算定基礎届の作成区分　●作成する　○作成しない　　直接入力した内容の消去

| 算定基礎月 | 基礎日数 | 除外月 | 報酬月額 | | 従前報酬 | 従前の改定月 |
			通貨による額　現物による額	合計	健保	
4月	30.0日	□除外	398,713 円　0 円	398,713	410 千円	令▼ T年 9月
5月	31.0日	□除外	391,400 円　0 円	391,400	厚年	
6月	30.0日	□除外	500,403 円　0 円	500,403	410 千円	

♥ 電子媒体届書により提出する場合は、「従前の改定月」欄を必ず入力してください。

（算定基礎月における）昇（降）給・遡り支給　　　　備考　　遡配分の入力

遡及額の支払月	▼ 年 月	□ 1.70歳以上被用者（算定基礎月： 月 月）
遡及支払額	円	□ 2.二以上勤務
昇（降）給した月	▼ 年 月	□ 3.月額変更予定
昇（降）給差月額	円	□ 4.途中入社　□ 9.その他
昇（降）給	○昇給 ○降給 ●空欄	□ 5.病休・育休・休職等
修正平均額	円	□ 6.短時間労働者
		□ 7.パート

♥ 「修正平均額」は自動計算値と異なる修正平均額を採用する場合のみ入力してください。

F1前項目　F2前社員　F3次社員　F4入力終了　　　　F7一覧選択 F8入力定義

4) 通勤手当を3か月ごと、6か月ごとにまとめて支給されている場合は、月割した額を「通貨による額」欄に入力します。

PX2 算定基礎データの入力

001000　山田　太郎

算定基礎届の作成区分　●作成する　○作成しない　　直接入力した内容の消去

| 算定基礎月 | 基礎日数 | 除外月 | 報酬月額 | | 従前報酬 | 従前の改定月 |
			通貨による額　現物による額	合計	健保	
4月	30.0日	□除外	398,713 円　0 円	398,713	410 千円	令▼ T年 9月
5月	31.0日	□除外	391,400 円　0 円	391,400	厚年	
6月	30.0日	□除外	500,403 円　0 円	500,403	410 千円	

♥ 電子媒体届書により提出する場合は、「従前の改定月」欄を必ず入力してください。

（算定基礎月における）昇（降）給・遡り支給　　　　備考　　遡配分の入力

遡及額の支払月	▼ 年 月	□ 1.70歳以上被用者（算定基礎月： 月 月）
遡及支払額	円	□ 2.二以上勤務
昇（降）給した月	▼ 年 月	□ 3.月額変更予定
昇（降）給差月額	円	□ 4.途中入社　□ 9.その他
昇（降）給	○昇給 ○降給 ●空欄	□ 5.病休・育休・休職等
修正平均額	円	□ 6.短時間労働者
		□ 7.パート

♥ 「修正平均額」は自動計算値と異なる修正平均額を採用する場合のみ入力してください。

F1前項目　F2前社員　F3次社員　F4入力終了　　　　F7一覧選択 F8入力定義

5) 70歳以上の人等については、「備考」欄で該当する区分にチェックを付けます。

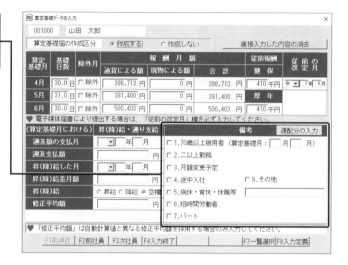

6) **遡り支給がある場合は次のように処理します。**

例えば3月に遡って5,000円の昇給が行われ、6月にその差額15,000円（5,000円×3）が支給された場合は、このように入力します。

a. 遡及額の支給月
→令和2年6月（差額の支払月）

b. 遡及支払額
→15,000円（3～5月分の昇給差額）

c. 昇（降）給差月額
→5,000円（昇給額）

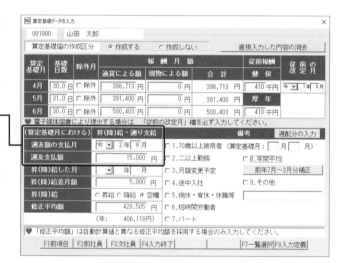

I PX2の概要
II 給与計算の処理方法
III 賞与計算の処理方法
IV ライフイベント（採用・退職・結婚・出産等）ごとの手続き
V 月次更新（年次更新）処理の方法
VI 算定基礎届・月額変更届の作成

7) 遅配があるがある場合は次のように処理します。

例えば、3月分給与の遅配分20,000円を、4月の給与において支給された場合は次のとおり入力します。

a.「遅配分の入力」をクリックします。

b.次のとおり入力します。

　ⅰ）3月以前の遅配分
　　→20,000円（3月分の遅配分）

　ⅱ）支払月
　　→令和2年4月（遅配分の支払月）

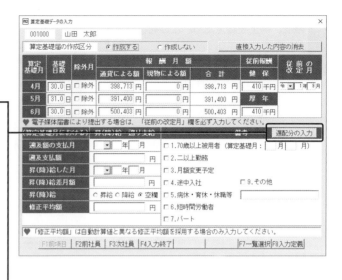

8) その他、給与の支給金額の補正や、算定対象からの除外が必要な場合は、以下のとおりです。

a.金額の補正は、「通貨による額」欄を直接補正して行います。

b.算定対象からの除外が必要な場合は、「除外月」欄にチェックを付けます。

　これにより、チェックのある月を除いて算定します。

　なお、基礎日数（原則17日）に満たない月については、算定時にシステムで自動的に除外するため、チェックは不要です。

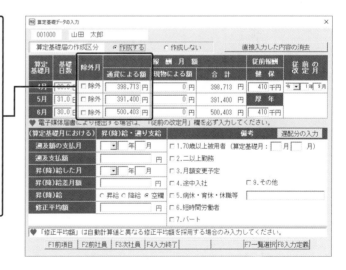

④ **確認、補正を終えたら、ここをクリックします。**

キーボード：F4

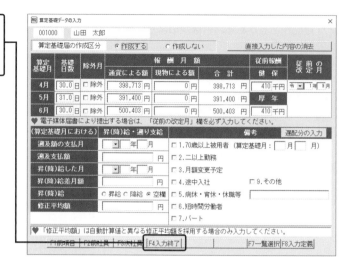

⑤ **この画面が表示されます。**

データを補正した人は、補正した金額が赤文字で表示されるとともに、行番号の背景が赤色で表示されます。

当画面での補正の有無の確認に利用できます。

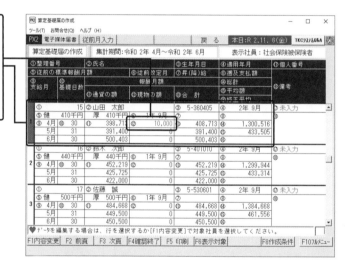

入力しない項目はあらかじめ設定できる

　入力しない項目については、あらかじめ次の手順に沿って設定することで、入力できないようにすることができます。

① 「F8入力定義」をクリックし、表示されるこの画面でチェックを外します。

② チェックを外した欄には、カーソルが移動しなくなります。

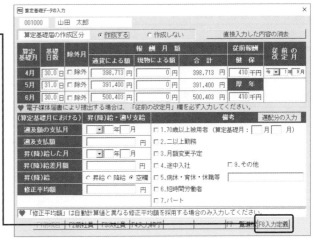

I PX2の概要

II 給与計算の処理方法

III 賞与計算の処理方法

IV ライフイベント（採用・退職・結婚・出産等）ごとの手続き

V 月次更新・年次更新処理の方法

VI 算定基礎届・月額変更届の作成

（4）「算定基礎届」を印刷するには

「算定基礎届」を紙で提出する場合の手順です。

> 電子媒体で提出する場合は→174頁

① [社保労保] タブを選択し、ここをクリックします。

キーボード：2＋Enterキー

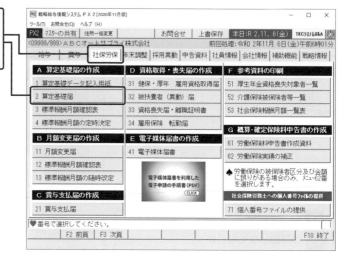

② この画面が表示されますので、「OK」ボタンをクリックします。

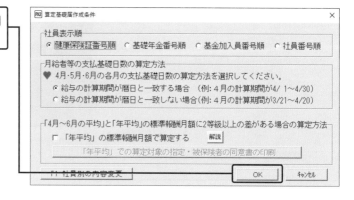

③ **この画面が表示されますので、ここをクリックします。**

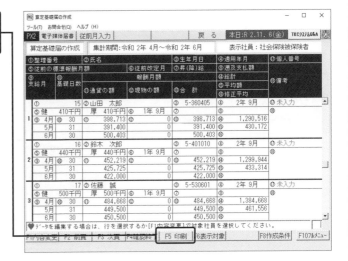

④ **この画面が表示されます。**

「印刷対象者の指定」や「印刷項目の指定」、提出年月日を入力するなどして、「印刷開始」をクリックします。

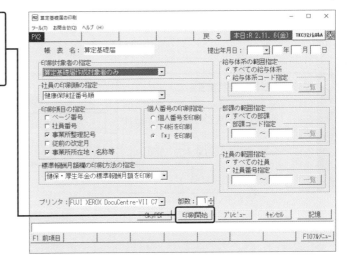

● **70歳以上の被用者以外の社員の個人番号は印刷されない**
　印刷設定で、「個人番号を印刷」を選択しても、70歳以上の被用者以外の社員は個人番号の記載が不要のため印刷されません。

Ⅰ PX2の概要

Ⅱ 給与計算の処理方法

Ⅲ 賞与計算の処理方法

Ⅳ ライフイベント（採用・退職・結婚・出産等）ごとの手続き

Ⅴ 月次更新（年次更新）処理の方法

Ⅵ 算定基礎届・月額変更届の作成

（5）「算定基礎届」の電子媒体を作成するには

① [社保労保] タブを選択し、ここをクリックします。

キーボード41＋Enterキー

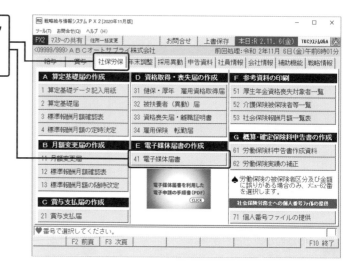

② この画面が表示されます。

「事業所整理記号・番号等」や「事業所所在地」は、会社情報をもとに初期表示されます。

内容を確認し必要な場合は入力（修正）します。入力（修正）後、ここをクリックします。

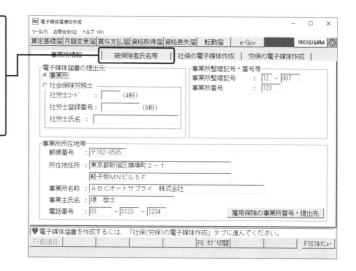

プロからの実務上のアドバイス

● 電子媒体の制限について

電子媒体では、以下のような制限があります。

① 環境依存文字は使えません。

髙（はしごの髙）や﨑（「大」ではなく「立」の﨑）は使用できません。

② 氏名の氏と名の間は、全角1文字空ける必要があります。

③ **この画面が表示されます。**

「健康保険証番号」が空欄の方は入力します。

また、「氏名（漢字）」では、姓と名の間に全角1文字分、「氏名（半角カナ）」では、半角1文字分スペースを空けます。

確認（修正）後、ここをクリックします。

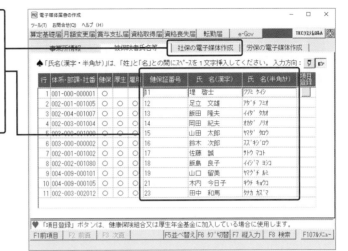

健康保険組合等に「算定基礎届」を電子媒体で提出する場合は

「算定基礎届」を電子媒体で健康保険組合に提出する場合の入力について補足します。

① **健康保険組合や、厚生年金基金へ「算定基礎届」を電子媒体で提出する場合は、[被保険者氏名等] タブで、ここをクリックします。**

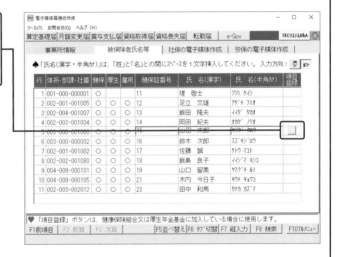

I PX2の概要

II 給与計算の処理方法

III 賞与計算の処理方法

IV ライフイベント（採用・退職・結婚・出産等）ごとの手続き

V 月次更新（年次更新）処理の方法

VI 算定基礎届・月額変更届の作成

② **この画面が表示されます。**

健康保険組合や厚生年金基金から案内された内容に基づいて、必要な項目を入力します。

④ **この画面が表示されます。**

作成する届書を選択した後、ここをクリックします。

作成年月日や提出年月日は、パソコンの日付が初期表示されるよ！

媒体通番は、電子媒体届書を作成するごとに自動で付番されるよ！

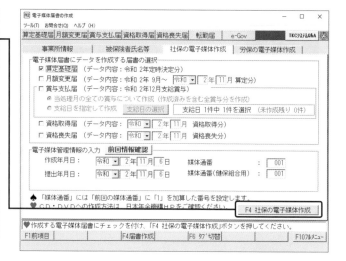

⑤ **この画面が表示されます。**

電子媒体の作成先を選択し、「OK」をクリックします。

1)「当PC内の任意のフォルダ」を指定した場合は、ファイルの保存画面が表示されます。

2)「USBメモリ等」を選択した場合は、「ディスク装置の選択」画面が表示されます。

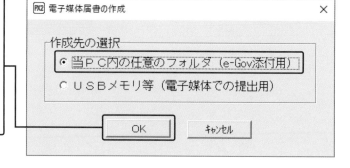

Ⅰ PX2の概要

Ⅱ 給与計算の処理方法

Ⅲ 賞与計算の処理方法

Ⅳ ライフイベント（採用・退職・結婚・出産等）ごとの手続き

Ⅴ 月次更新・年次更新処理の方法

Ⅵ 算定基礎届・月額変更届の作成

⑥ **前述⑤で、「USBメモリ等」を選択した場合、この画面が表示されます。**
ディスク装置を選択し、「OK」をクリックします。

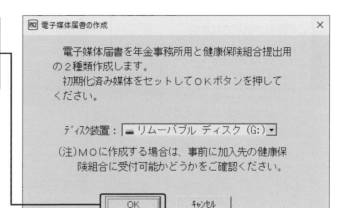

⑦ **作成が終了すると、この画面が表示されます。**
「OK」をクリックします。

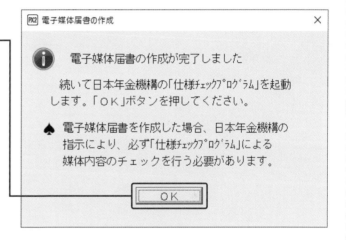

プロからの実務上のアドバイス

● **「算定基礎届」を電子媒体で作成した後の留意点**
作成後は、次の点に気をつけてください。
①ファイル名は変更しないでください。
②ファイルをExcel等で開かないでください。開くと、数字項目の先頭の「0（ゼロ）」が削除されるなどデータ内容が変更され、提出できなくなる場合があります。
③作成先のUSBメモリ等へフォルダやファイルを追加しないでください。

❽ この画面が表示されます。

前述⑤で指定したディスク装置を選択し、ここをクリックしてチェックします。このチェックは必須です。

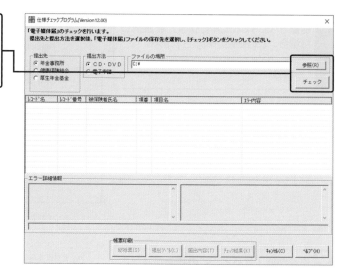

「算定基礎届」について年間で算定できる特例を適用する場合は

「算定基礎届」は、4月〜6月ではなく年間（前年7月〜6月）で算定できる特例があります。ここでは、この特例を利用する場合の作成について説明します。

プロからの実務上のアドバイス

● **年間で算定する特例を適用する際の留意点**
　年間で算定する特例を適用するためには、会社からの申立書と、年間で算定することに被保険者（社員）が同意したことを示す同意書を年金事務所へ提出する必要があります。忘れずに提出してください。

① **[社保労保] タブを選択し、ここをクリックします。**
キーボード：2＋Enter キー

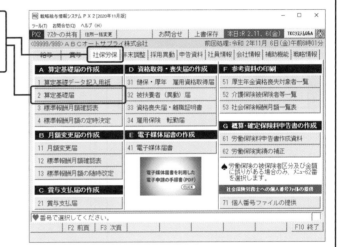

② **この画面が表示されます。**
「「年平均」の標準報酬月額で算定する」にチェックを付け、ここをクリックします。

③ **社員のデータを補正する場合は、ここをクリックします。**

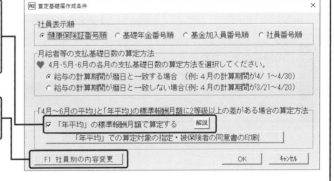

プロからの実務上のアドバイス

● **「解説」ボタンで特例条件を確認**
　この特例を適用するには、業務の性質上、「例年発生することが見込まれる」等の特例条件を満たすことが必要となります。「解説」ボタンをクリックして特例条件を確認してください。

Ⅰ　ＰＸ2の概要
Ⅱ　給与計算の処理方法
Ⅲ　賞与計算の処理方法
Ⅳ　ライフイベント（採用・退職・結婚・出産等）ごとの手続き
Ⅴ　月次更新（年次更新）処理の方法
Ⅵ　算定基礎届・月額変更届の作成

④ 「この画面が表示されます。社員のデータを補正する場合は、ここをクリックします。**

4月～6月の平均と年間平均の標準報酬月額に2等級以上差がある社員が表示されます。

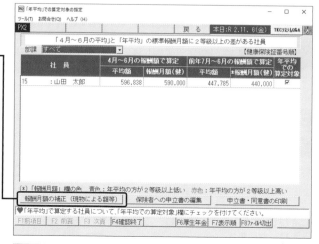

⑤ 「この画面が表示されます。**

確認、補正（内容変更）したい社員を選択し、「OK」をクリックします。

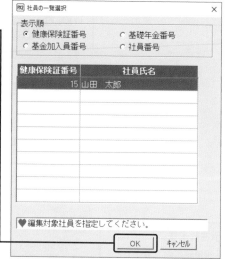

⑥ 「この画面が表示されます。**

内容を確認し、必要な場合は補正します。

前年7月～当年3月分を補正する場合は、ここをクリックします。

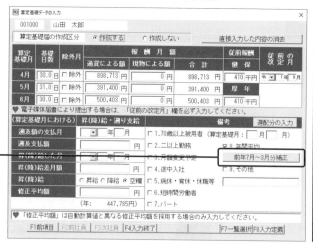

⑦ この画面が表示されます。

内容を確認し、必要な場合は補正します。

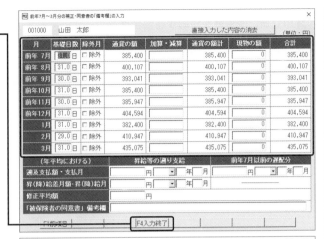

⑧ 保険者への申立書を編集する場合は、ここをクリックします

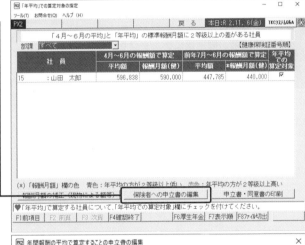

⑨ この画面が表示されるので、申立書の内容を編集します。

提出日を入力し、「OK」をクリックして編集を終了します。

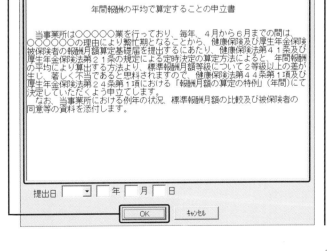

I PX2の概要

II 給与計算の処理方法

III 賞与計算の処理方法

IV ライフイベント（採用・退職）・結婚・出産等・ごとの手続き

V 月次更新（年次更新）処理の方法

VI 算定基礎届・月額変更届の作成

⑩ 申立書、同意書を印刷する場合は、ここをクリックします。

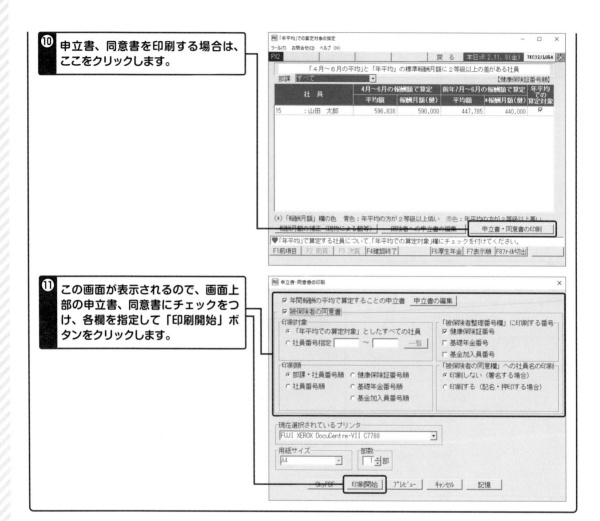

⑪ この画面が表示されるので、画面上部の申立書、同意書にチェックをつけ、各欄を指定して「印刷開始」ボタンをクリックします。

（6）標準報酬月額の改定時期（定時決定）が到来したら

「算定基礎届」により新しい標準報酬月額が決定されます。PX2では、この標準報酬月額が適用開始される9月分保険料を徴収する給与の処理時に、社員の標準報酬月額を一括で改定します。標準報酬月額の確認と、改定は次の手順で行います。

プロからの実務上のアドバイス

● **PX2で「算定基礎届」を作成していない場合は一括改定ができない**
PX2で「算定基礎届」を作成していない場合（顧問社労士が別途作成している場合など）は、一括改定ができないので、［社員情報］タブの「1 社員情報確認・修正」の［社会保険］タブで、社員ごとに標準報酬月額を改定してください。

① ［社保労保］タブを選択し、ここをクリックします。
キーボード：3＋Enterキー

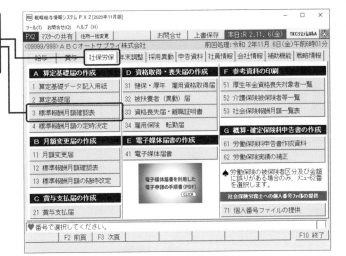

② この画面が表示されますので、ここをクリックします。

③ 印刷した「標準報酬月額確認表（算定基礎届用）」と、年金事務所から送付された標準報酬決定通知書を比較し、標準報酬月額を確認します。
相違がある人については、帳表にマークをつけておきます。

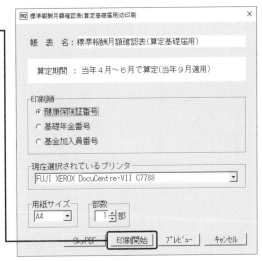

Ⅰ PX2の概要
Ⅱ 給与計算の処理方法
Ⅲ 賞与計算の処理方法
Ⅳ ライフイベント（採用、退職、結婚、出産等）ごとの手続き
Ⅴ 月次更新（年次更新）処理の方法
Ⅵ 算定基礎届・月額変更届の作成

④ **[社保労保] タブのここをクリックします。**

キーボード：４＋Enterキー

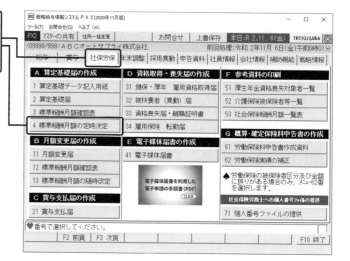

⑤ **この画面が表示されます。**

9月分の社会保険料を控除する給与の計算処理を行う体系について、「今回改定」を選択し、ここをクリックします。

改定を終えたら、「F10フルメニュー」をクリックします。

改定を終えると、「処理状況」欄に処理状況が、「改定日」欄に改定日がそれぞれ表示されるよ。

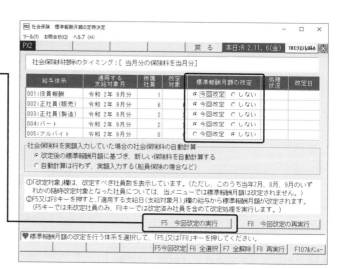

「決定通知書」に基づき標準報酬月額を修正する場合は

前述（183頁）の③で、「標準報酬月額確認表（算定基礎届用）」にマークを付けた人については、年金事務所から送付された「決定通知書」に基づく標準報酬月額に修正する必要があります。

❶ **[社員情報] タブを選択し、ここをクリックします。**

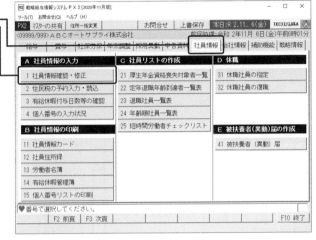

❷ **この画面が表示されます。**
標準報酬月額を修正する社員を選択し、
ダブルクリックします。

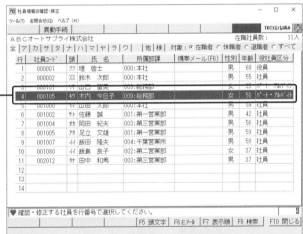

③ この画面が表示されます。

[社会保険] タブを選択し、ここをクリックします。

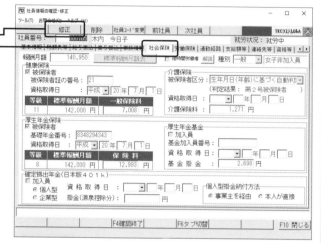

④ 画面が入力モードに切り替わります。

「報酬月額」欄に、年金事務所から通知された「決定通知書」に記載の標準報酬月額を入力します。

入力後、ここをクリックしてデータを更新します。

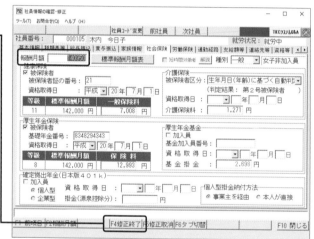

プロからの実務上のアドバイス

●通勤手当を定期券代として3か月・6か月ごとに支給している場合

　通勤手当を定期券代として3か月や6か月ごとに支給している場合、1か月あたりの金額を求めた上で、当画面で補正することになります。3か月や6か月ごとの定期券は、あらかじめ月割りした金額を毎月の給与で手当として支給するようにしましょう。そうすれば、「算定基礎届」の作成時に補正するケースはぐっと減ります。

（1）「月額変更届」の概要と作成の流れを確認しよう

基本給等の固定的賃金の変動があった月から3か月間の給与の実績に基づき提出することとされている。社会保険の「被保険者報酬月額変更届」（以下、「月額変更届」）について、紙の届書や電子媒体届書を作成できます。

プロからの
実務上の
アドバイス

● **PX2で作成した「月額変更届」は年金事務所へそのまま提出できる**
　PX2で作成した「月額変更届」は、年金事務所（広域事務センター）へそのまま提出できます。健康保険組合や厚生年金基金へ提出する場合は、事前に提出可能かどうかを各加入先へ確認しておきましょう。

■「月額変更届」の作成の流れ

電子媒体で提出する場合も含めた流れは以下のとおりです。紙で提出する場合は、①および②までで、③以降の処理は不要です。

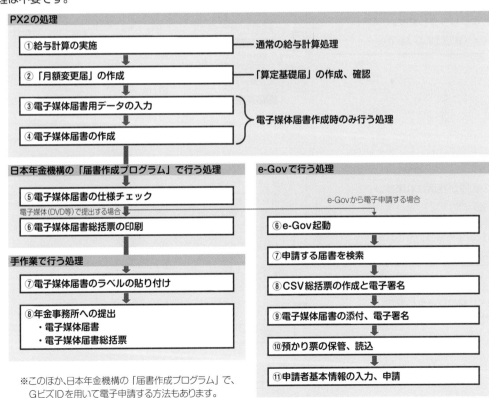

※このほか、日本年金機構の「届書作成プログラム」で、GビズIDを用いて電子申請する方法もあります。

プロからの実務上のアドバイス

●「月額変更届」の作成対象は

PX2では、次の条件をすべて満たす社員を「月額変更届」の作成対象としています。

①社保報酬区分が「固定的賃金」の金額に変動がある。

②変動があった月以後3か月間において、いずれの月にも給与の支給があり、その社保報酬計の平均が社員情報で登録されている標準報酬月額と比較して2等級以上の差がある

③変動があった月以後3か月間の基礎日数が、いずれも原則17日以上である

（2）「月額変更届」を作成するには

① 給与計算時のエキスパートチェックで、「要変更届」のチェックに該当する人がいた場合は、給与計算を終えたの後、[社保労保] タブを選択します。

② ここをクリックします。

キーボード：11＋Enterキー

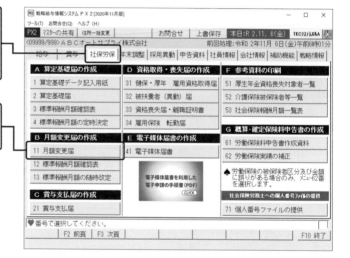

③ この画面が表示されます。

「算定期間の指定」「社員表示順」と、「月給者等の基礎日数の算定方法」を指定します。

「月給者等の基礎日数の算定方法」は、選択肢を読み、当てはまる方を選択します。

④ 「OK」をクリックします。

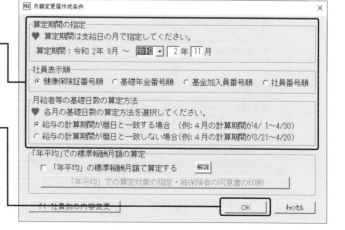

⑤ **この画面が表示されます。**

算定対象となる3か月間の給与の実績が集計、表示されます。以下のようなケースに該当する人については、補正（内容の変更）が必要です。

1) 作成対象としない
2) 現物支給がある
3) 従前の改定月が空欄
4) 70歳以上やパートである
5) 遡り支給がある
6) 遅配がある
7) その他、給与の支給金額の補正や、算定対象からの除外が必要である

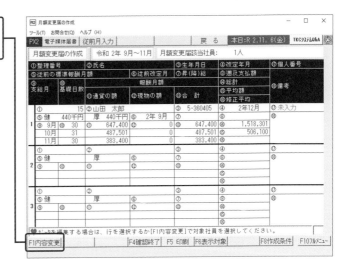

プロからの実務上のアドバイス

● **自動集計された金額に過不足がある場合**

自動集計された金額に過不足がある場合、その原因は支給項目のいずれかが社会保険の「報酬」として設定されていないためと考えられます。

設定を変更する際は、TKC会計事務所へご相談ください。

支給項目の設定を確認（変更）するには→310頁

（3）社員ごとにデータを確認・補正するには

❶ **「月額変更届の作成」**画面で、ここをクリックします。

② **この画面が表示されます。**

確認、補正（内容変更）したい社員を選択し、「OK」をクリックします。

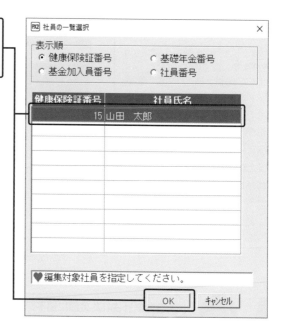

③ **この画面が表示されます。**

以下の1）以降のように、該当する方について補正していきます。

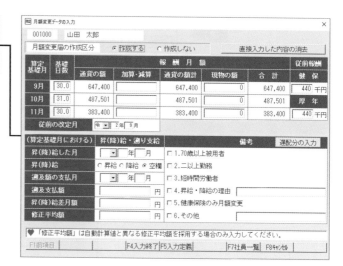

I PX2の概要

II 給与計算の処理方法

III 賞与計算の処理方法

IV ライフイベント（採用・退職・結婚・出産等）ごとの手続き

V 月次更新（年次更新）処理の方法

VI 算定基礎届・月額変更届の作成

1) 作成対象としない場合は、この区分を「作成しない」とします。

紙の届書および電子媒体届書の作成対象外となります。

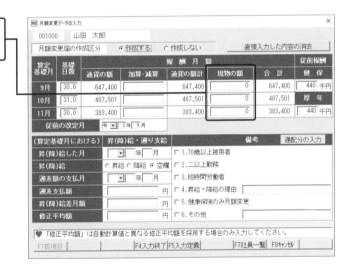

2) 現物支給がある場合は、「現物の額」欄に金額を入力します。

プロからの実務上のアドバイス

●**会社負担による食事等の現物給与について**

　会社負担による食事等の現物給与は、全国現物給与価額一覧表から求めた価額を入力します。

3)　「従前の改定月」欄が空欄の場合は、ここに現在の社員情報の標準報酬月額になった月を入力します。具体的には次のいずれかの年月です。

　a.前年の算定基礎届で改定された
　　→前年9月

　b.前回の月額変更届で改定された
　　→前回の改定月

　c.入社時の資格取得届提出時に届け出た
　　→入社した年月

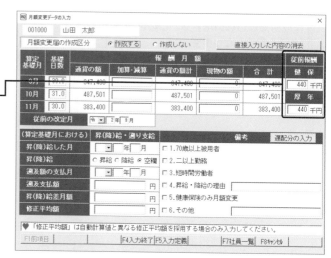

4)　70歳以上の人等については、「備考」欄で該当する区分にチェックを付けます。

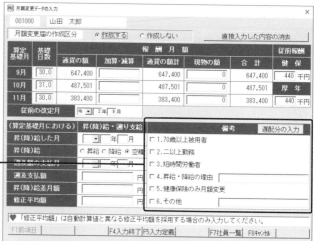

5)　遡り支給がある場合は次のように処理します。

　例えば8月に遡って50,000円の昇給が行われ、11月にその差額150,000円（50,000円×3）が支給された場合は、このように入力します。

　a.遡及額の支給月
　　令和2年11月（差額の支払月）

　b.遡及支払額
　　150,000円（8～10月分の昇給差額）

　c.昇（降）給差額月額
　　50,000円（昇給額）

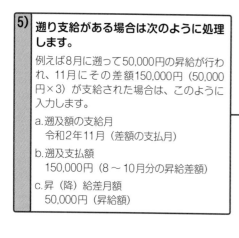
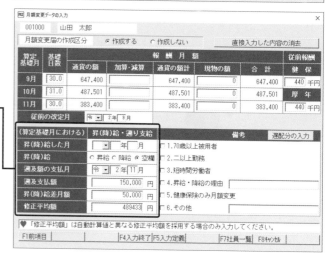

6) **遅配がある場合は次のように処理します。**

例えば、8月分給与の遅配分20,000円を、9月の給与において支給された場合は次のとおり入力します。

a.ここをクリックします。

b.この画面が表示されます。次のとおり入力します。

 ⅰ）8月以前の遅配分
 20,000円（8月分の遅配分）

 ⅱ）支払月
 令和2年9月（遅配分の支払月）

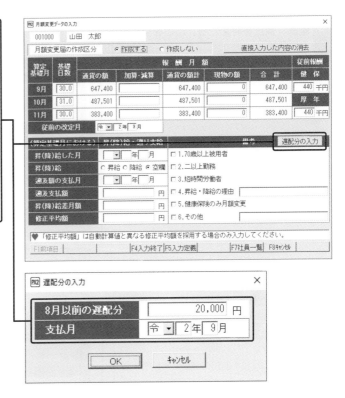

7) **その他、給与の支給金額の補正や、算定対象からの除外が必要な場合は、以下のとおりです。**

金額の補正は、「加算・減算」欄に差額を入力して行います。

なお、基礎日数（原則17日）に満たない月については、算定時にシステムで自動的に除外するため、チェックは不要です。

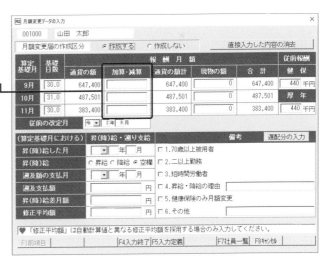

I PX2の概要

II 給与計算の処理方法

III 賞与計算の処理方法

IV ライフイベント（採用・退職・結婚・出産等）ごとの手続き

V 月次更新（年次更新）処理の方法

VI 算定基礎届・月額変更届の作成

④ 確認、補正を終えたら、ここをクリッ
クします。

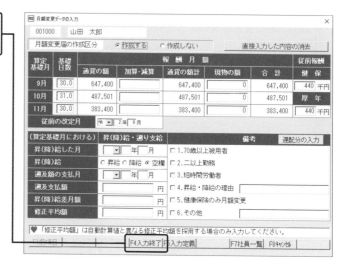

⑤ **この画面が表示されます。**

データを補正した人は、補正した金額が赤
文字で表示されるとともに、行番号の背景
が赤色で表示されます。

当画面での補正の有無の確認に利用できま
す。

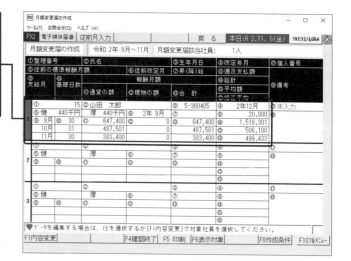

I PX2の概要

II 給与計算の処理方法

III 賞与計算の処理方法

IV ライフイベント（採用・退職・結婚・出産等）ごとの手続き

V 月次更新（年次更新）処理の方法

VI 算定基礎届・月額変更届の作成

 ここもチェック！

入力しない項目はあらかじめ設定できる

入力しない項目については、あらかじめ次の手順に沿って設定することで、入力できないようにすることができます。

① 「F5入力定義」をクリックし、表示されるこの画面でチェックを外します。

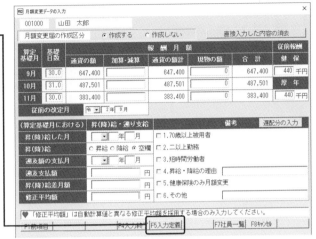

② チェックを外した欄には、カーソルが移動しなくなります。

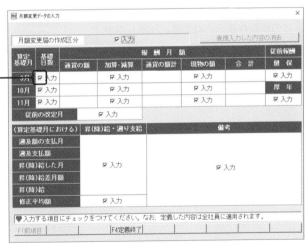

（4）「月額変更届」を印刷するには

❶ [社保労保] タブを選択し、ここをクリックします。

キーボード：11＋Enter キー

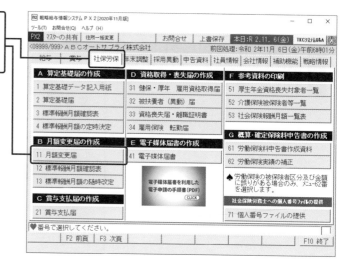

❷ この画面が表示されます。「OK」ボタンをクリックします。

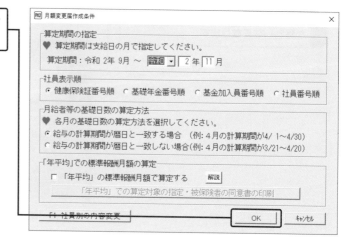

③ この画面が表示されます。ここをクリックします。

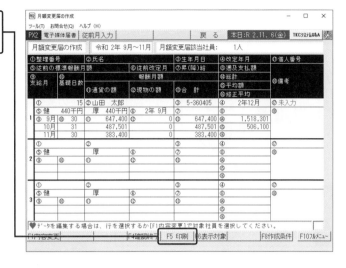

④ この画面が表示されます。

「印刷対象者の指定」や「印刷項目の指定」、提出年月日を入力するなどして、「印刷開始」をクリックします。

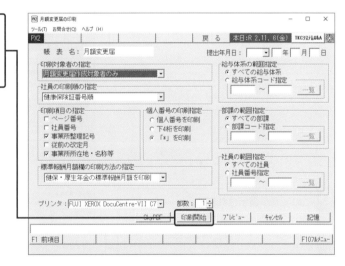

プロからの
実務上の
アドバイス

● 70歳以上の被用者以外の社員の個人番号は印刷されない

「算定基礎届」と同様、印刷設定にて「個人番号を印刷」を選択しても70歳以上の被用者以外の社員は個人番号の記載が不要のため印刷されません。

I PX2の概要
II 給与計算の処理方法
III 賞与計算の処理方法
IV ライフイベント（採用・退職・結婚・出産等）ごとの手続き
V 月次更新（年次更新）処理の方法
VI 算定基礎届・月額変更届の作成

（5）「月額変更届」の電子媒体を作成するには

プロからの実務上のアドバイス

●電子媒体の制限について
電子媒体では、以下のような制限があります。
①環境依存文字は使えません。
　髙（はしごの高）や﨑（「大」ではなく「立」の﨑）は使用できません。
②氏名の姓と名の間は、全角1文字空けてください。

❶ **[社保労保]タブを選択し、ここをクリックします。**

キーボード：41＋Enterキー

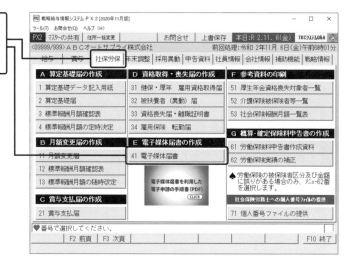

❷ **この画面が表示されます。**

「事業所整理記号・番号等」や「事業所所在地」は、会社情報をもとに初期表示されます。

内容を確認し必要な場合は入力（修正）します。入力（修正）後、ここをクリックします。

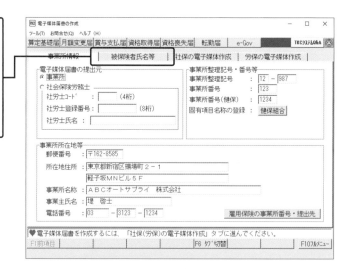

③ **この画面が表示されます。**

「健康保険証番号」が空欄の方は入力します。

また、「氏名（漢字）」では、姓と名の間に全角1文字分、「氏名（半角カナ）」では、半角1文字分スペースを空けます。

確認（修正）後、ここをクリックします。

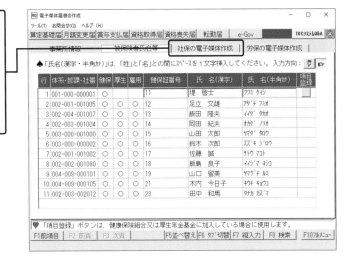

健康保険組合等に「月額変更届」を電子媒体で提出する場合は

［月額変更届］を電子媒体で健康保険組合等に提出する場合の入力について補足します。

① **健康保険組合や厚生年金基金へ「月額変更届」を電子媒体で提出する場合は、[被保険者氏名等]タブで、ここをクリックします。**

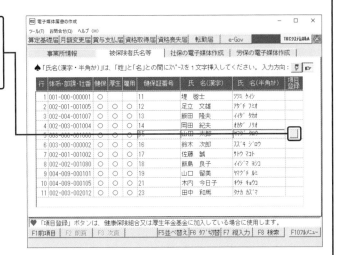

② **[月額変更届]タブを選択します。**

健康保険組合や厚生年金基金から案内された内容に基づいて、必要な項目を入力します。

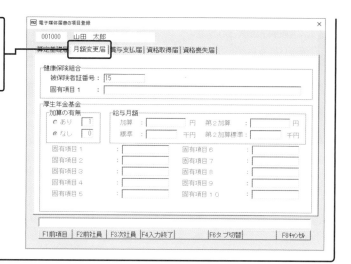

④ **この画面が表示されます。**

作成する届書を選択した後、ここをクリックします。

作成年月日や提出年月日は、パソコンの日付が初期表示されるよ！

媒体通番は、電子媒体届書を作成するごとに自動で付番されるよ！

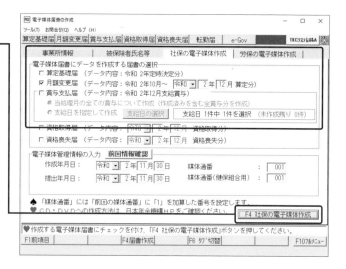

⑤ **この画面が表示されます。**

電子媒体の作成先を選択し、「OK」をクリックします。

1) 「当PC内の任意のフォルダ」を指定した場合は、ファイルの保存画面が表示されます。

2) 「USBメモリ等」を選択した場合は、「ディスク装置の選択」画面が表示されます。

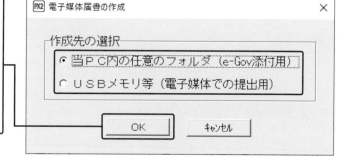

⑥ 前述⑤で、「USBメモリ等」を選択した場合、この画面が表示されます。

ディスク装置を選択し、「OK」をクリックします。

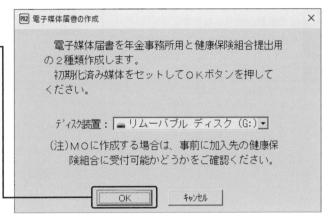

PX2 電子媒体届書の作成　　　　　　　　　　×

電子媒体届書を年金事務所用と健康保険組合提出用の2種類作成します。
初期化済み媒体をセットしてOKボタンを押してください。

ディスク装置： 🖴 リムーバブル ディスク（G:）▾

（注）MOに作成する場合は、事前に加入先の健康保険組合に受付可能かどうかをご確認ください。

OK　　　　　キャンセル

⑦ 作成が終了すると、この画面が表示されます。「OK」をクリックします。

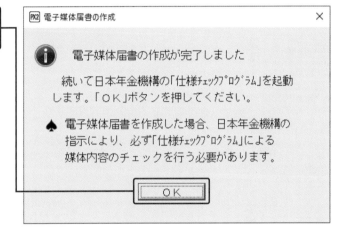

PX2 電子媒体届書の作成　　　　　　　　　　×

ⓘ　電子媒体届書の作成が完了しました

続いて日本年金機構の「仕様チェックプログラム」を起動します。「OK」ボタンを押してください。

♠ 電子媒体届書を作成した場合、日本年金機構の指示により、必ず「仕様チェックプログラム」による媒体内容のチェックを行う必要があります。

OK

プロからの実務上のアドバイス

● 「月額変更届」を電子媒体で作成した後の留意点
作成後は、次の点に気をつけてください。
① ファイル名は変更しないでください。
② ファイルをExcel等で開かないでください。開くと数字項目の先頭の「0（ゼロ）」が削除されるなどデータ内容が変更され、提出できなくなる場合があります。
③ 作成先のUSBメモリ等へフォルダやファイルを追加しないでください。

Ⅰ PX2の概要

Ⅱ 給与計算の処理方法

Ⅲ 賞与計算の処理方法

Ⅳ ライフイベント（採用・退職・結婚・出産等）ごとの手続き

Ⅴ 月次更新（年次更新）処理の方法

Ⅵ 算定基礎届・月額変更届の作成

⑧ この画面が表示されます。

前述⑤で指定したディスク装置を選択し、ここをクリックしてチェックします。このチェックは必須です。

**ここも
チェック！**

「月額変更届」について年間で算定できる特例を適用する場合は

「月額変更届」も、「算定基礎届」と同様、年間で算定できる特例があります。この特例を利用する場合の作成の流れは以下のとおりです。

**プロからの
実務上の
アドバイス**

●**年間で算定する特例を適用する際の留意点**
　年間で算定する特例を適用するためには、会社からの申立書と、年間で算定することに被保険者（社員）が同意したことを示す同意書を年金事務所へ提出する必要があります。忘れずに提出してください。

① [社保労保] タブを選択し、ここをクリックします。
キーボード：11＋Enterキー

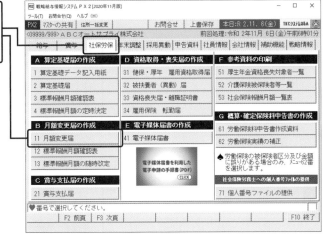

② この画面が表示されます。
「「年平均」の標準報酬月額で算定する」にチェックを付け、ここをクリックします。

③ 社員データを補正する場合は、ここをクリックします。

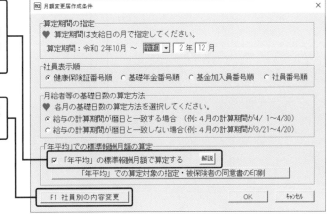

I PX2の概要
II 給与計算の処理方法
III 賞与計算の処理方法
IV ライフイベント（採用・退職・結婚・出産等）ごとの手続き
V 月次更新（年次更新）処理の方法
VI 算定基礎届・月額変更届の作成

● 「解説」ボタンで特例条件を確認
この特例を適用するためには、業務の性質上、例年発生することが見込まれる等の条件を満たすことが必要となります。「解説」ボタンをクリックして条件を確認しましょう。

④ **この画面が表示されます。社員のデータを補正する場合は、ここをクリックします。**

固定的賃金に変動があった月から3か月間の平均と年間平均の標準報酬月額に2等級以上差がある社員が表示されます。

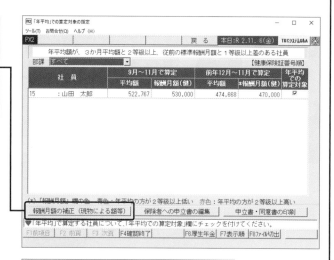

⑤ **この画面が表示されます。**

確認、補正（内容変更）したい社員を選択し、「OK」をクリックします。

⑥ この画面が表示されます。

内容を確認し、必要な場合は補正します。
年間の支給金額を補正する場合は、ここをクリックします。

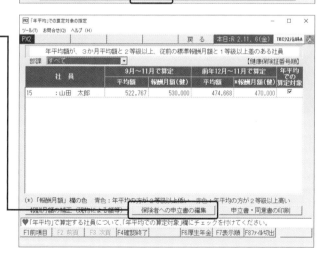

月額変更データの入力

001000　山田　太郎

月額変更届の作成区分　⊙ 作成する　○ 作成しない　　直接入力した内容の消去

算定基礎月	基礎日数	通貨の額	加算・減算	通貨の額計	現物の額	合計	従前報酬 健保
9月	30.0	697,400		697,400	0	697,400	440 千円
10月	31.0	487,501		487,501	0	487,501	厚年
11月	30.0	383,400		383,400	0	383,400	440 千円

従前の改定月　令 ▾ 2 年 9 月

（算定基礎月における）昇（降）給・遡り支給　　備考　　遡配分の入力

昇（降）給した月　　　▾ 年　月　□ 1.70歳以上被用者　☑ 年間平均
昇（降）給　　○ 昇給・降給・空欄　□ 2.二以上勤務　　前年12月～11月分補正
遡及額の支払月　　　▾ 年　月　□ 3.短時間労働者　（年：　474,668円）
遡及支払額　　　　　　　　円　□ 4.昇給・降給の理由
昇（降）給差月額　　　　　　円　□ 5.健康保険のみ月額変更
修正平均額　　　　　　　　円　□ 6.その他

♥「修正平均額」は自動計算値と異なる修正平均額を採用する場合のみ入力してください。

F1前項目　　　　　F4入力終了 F5入力定義　　　F7社員一覧 F8キャンセル

⑦ この画面が表示されます。

内容を確認し、必要な場合は補正します。

前年12月～11月分の補正・同意書の「備考欄」の入力

001000　山田　太郎　　　　　直接入力した内容の消去　（単位：円）

月	基礎日数	除外月	区分	通貨の額	加算・減算	通貨の額計	現物の額	小計
前年12月	31.0 日	□ 除外	固定	380,400		380,400	0	380,400
			非固定	24,194		24,194	0	24,194
1月	31.0 日	□ 除外	固定	380,400		380,400	0	380,400
			非固定	2,000		2,000	0	2,000
2月	29.0 日	□ 除外	固定	380,400		380,400	0	380,400
			非固定	30,547		30,547	0	30,547
3月	31.0 日	□ 除外	固定	380,400		380,400	0	380,400
			非固定	54,675		54,675	0	54,675

（年平均における） 解説　昇給等の遡り支給　　前年12月以前の遡配分

遡及支払額・支払月　　　円　▾ 年　月　　円 ▾ 年　月
昇（降）給差月額・昇（降）給月　円　▾ 年　月
修正平均額　　　　　　円
「被保険者の同意書」備考欄

F1前項目　F2 前頁　F3 次頁　**F4入力終了**

⑧ 保険者への申立書を編集する場合は、ここをクリックします。

「年平均」での算定対象の指定

ツール(T) お問合せ(Q) ヘルプ (H)

PX2　　　　　　　　　　戻る　本日:R 2.11. 6(金) TKCシステムQ&A

年平均額が、3か月平均額と2等級以上、従前の標準報酬月額と1等級以上差のある社員

部課 すべて ▾　　　　　　　　【健康保険証番号順】

社員	9月～11月で算定 平均額	報酬月額(健)	前年12月～11月で算定 平均額	*報酬月額(健)	年平均での算定対象
15　：山田　太郎	522,767	530,000	474,668	470,000	☑

(*)「報酬月額」欄の色　青色：年平均の方が2等級以上低い　赤色：年平均の方が2等級以上高い

報酬月額の補正（現物による額等）　　保険者への申立書の編集　　申立書・同意書の印刷

♥「年平均」で算定する社員について、「年平均での算定対象」欄にチェックを付けてください。

F1前項目　F2 前頁　F3 次頁　F4確認終了　　F6厚生年金 F7表示順 F8ファイル切出

I PX2の概要
II 給与計算の処理方法
III 賞与計算の処理方法
IV ライフイベント（採用・退職・結婚・出産等）ごとの手続き
V 月次更新（年次更新）処理の方法
VI 算定基礎届・月額変更届の作成

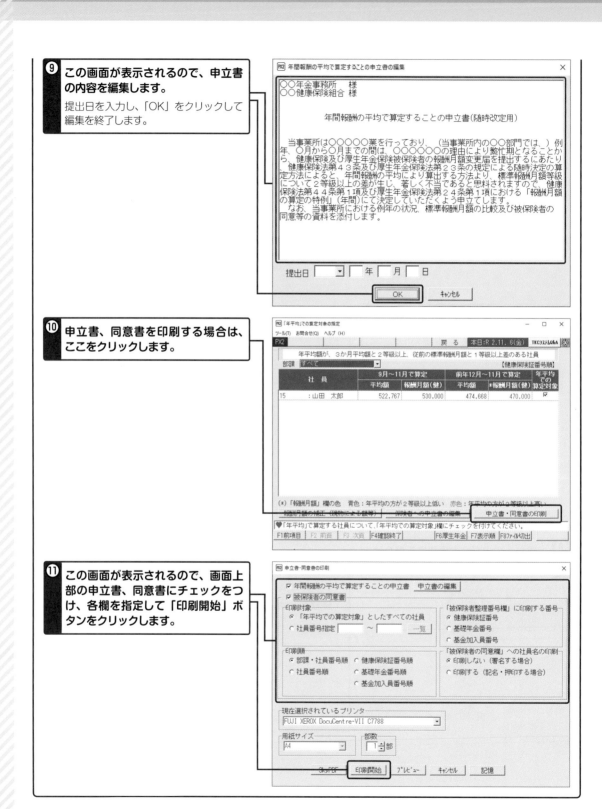

⑨ この画面が表示されるので、申立書の内容を編集します。

提出日を入力し、「OK」をクリックして編集を終了します。

⑩ 申立書、同意書を印刷する場合は、ここをクリックします。

⑪ この画面が表示されるので、画面上部の申立書、同意書にチェックをつけ、各欄を指定して「印刷開始」ボタンをクリックします。

（6）標準報酬月額の改定時期（随時改定）が到来したら

　「月額変更届」により新しい標準報酬月額が決定されます。PX2では、この標準報酬月額が適用開始される月分の保険料を徴収する給与の処理時に、社員の標準報酬月額を一括で改定します。標準報酬月額の確認と、改定は次の手順で行います。

プロからの実務上のアドバイス

● **PX2で「月額変更届」を作成していない場合は一括改定ができない**
　「算定基礎届」と同様、PX2で「月額変更届」を作成していない場合（顧問社労士が別途作成している場合など）は一括改定ができないので、[社員情報] タブの「1 社員情報確認・修正」の [社会保険] タブで、社員ごとに標準報酬月額を改定しましょう。

① **[社保労保] タブを選択し、ここをクリックします。**
　キーボード：12＋Enterキー

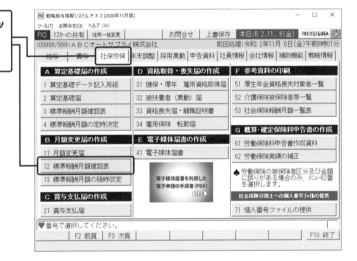

プロからの実務上のアドバイス

● **通勤手当を定期券代として3か月・6か月ごとに支給している場合**
　通勤手当を定期券代として3か月や6か月ごとに支給している場合、1か月あたりの金額を求めた上で、当画面で補正することになります。
　そのため、3か月や6か月ごとの定期券は、予め月割りした金額を毎月の給与で手当として支給するようにしましょう。そうすることで、「月額変更届」の作成時に補正するケースはぐっと減ります。

プロからの実務上のアドバイス

● **毎月通勤手当を支給している場合**
　毎月通勤手当を支給されている方については、その金額が集計されているかを確認しましょう。
　所得税では「非課税」として計算には含まれませんが、「月額変更届」は所得税と異なり、集計に含めます。

② この画面が表示されます。ここをクリックします。

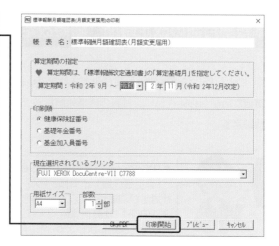

③ 印刷した「標準報酬月額確認表（月額変更届用）」と、年金事務所から送付された標準報酬決定通知書を比較し、標準報酬月額を確認します。

相違がある人については、帳表にマークをつけておきます。

④ [社保労保] タブのここをクリックします。

キーボード：13＋Enterキー

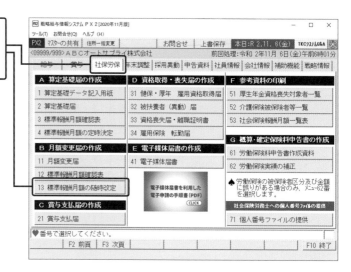

**プロからの
実務上の
アドバイス**

●社会保険報酬区分の設定は正しいですか

[会社情報] タブの「9 給与体系情報」の各支給項目について、社会保険報酬区分は正しく設定されていますか。特に通勤手当は注意が必要で、これは「報酬」として集計に含めます。非課税となる所得税とは異なりますので注意しましょう。

給与体系情報の社会保険報酬区分を確認するには→310頁

⑤ **この画面が表示されます。**

翌月の社会保険料を控除する給与の計算処理を行う体系について、「今回改定」を選択し、ここをクリックします。改定を終えたら、「F10フルメニュー」をクリックします。

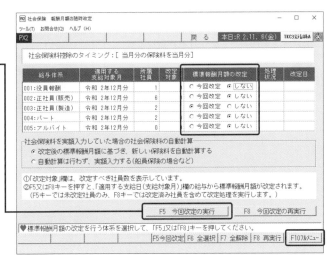

改定を終えると、「処理状況」欄に処理状況が、「改定日」欄に改定日がそれぞれ表示されるよ。

プロからの実務上のアドバイス

●**8月・9月改定の月額変更に該当する場合**

8月改定または9月改定の月額変更に該当する場合、「算定基礎届」ではなく、「月額変更届」に基づいて標準報酬月額が改定されます。つまり、「算定基礎届」よりも「月額変更届」が優先されます。

ここもチェック！

「決定通知書」に基づき標準報酬月額を修正する場合は

前述（208頁）の③で、マークを付けた人については、年金事務所から送付された「決定通知書」に基づく標準報酬月額に修正する必要があります。

① **[社員情報] タブを選択し、ここをクリックします。**

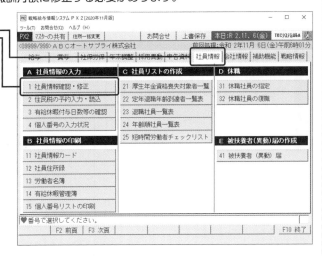

Ⅰ PX2の概要
Ⅱ 給与計算の処理方法
Ⅲ 賞与計算の処理方法
Ⅳ ライフイベント（採用・退職・結婚・出産等）ごとの手続き
Ⅴ 月次更新（年次更新）処理の方法
Ⅵ 算定基礎届・月額変更届の作成

② **この画面が表示されます。**

標準報酬月額を修正する社員を選択し、ダブルクリックします。

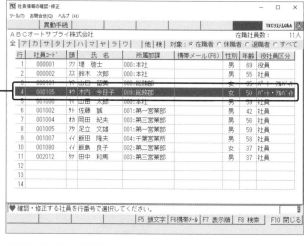

③ **この画面が表示されます。**

[社員保険] タブを選択し、ここをクリックします。

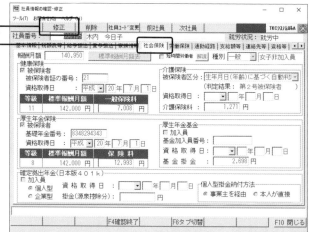

④ **画面が入力モードに切り替わります。**

「報酬月額」欄に、年金事務所から通知された「決定通知書」に記載の標準報酬月額を入力します。

入力後、ここをクリックしてデータを更新します。

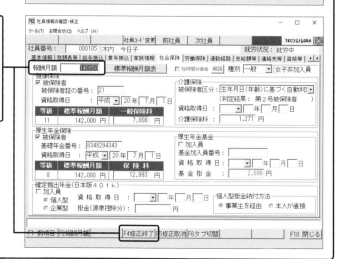

VII 労働保険料の申告

1 労働保険手続きの流れを確認しよう

　PX2で行う労働保険の年度更新手続きは、まず基礎資料を印刷し、その資料をもとに労働保険賃金を確認します。その後、転記資料（「概算・確定保険料額算出表」）をもとに「労働保険概算・確定保険料申告書」へ記載して作成します。作成の流れは次のとおりです。申告書は6月1日から7月10日までに提出します。

1 基礎資料の印刷

基礎資料として、以下の帳表を印刷します。
①基礎賃金集計表　②社員別基礎賃金内訳　③高年齢労働者等一覧

2 労働保険賃金の確認

基礎資料として印刷した帳表で労働保険賃金を確認します。
労働保険賃金に誤りがある場合は、被保険者区分や労働保険賃金を正しい内容に補正します。

3 「概算・確定保険料額算出表」の印刷

「概算・確定保険料額算出表」を印刷します。

4 申告書への転記・提出

「労働保険概算・確定保険料申告書」へ記載して完成です。

2 基礎資料を印刷するには

労働保険の年度更新手続きに必要な基礎資料として、「基礎賃金集計表」や「社員別基礎賃金内訳」「高年齢労働者等一覧」などを印刷します。

① [社保労保] タブを選択し、ここをクリックします。

キーボード：61＋Enterキー

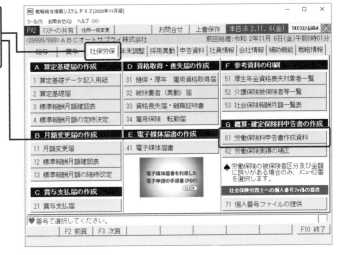

② この画面が表示されます。

「印刷帳表の指定」で「基礎賃金集計表」「社員別基礎賃金内訳」「高年齢労働者等一覧」を指定し、「印刷開始」をクリックします。

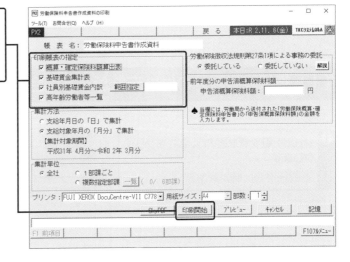

3 労働保険賃金を確認するには

　労働保険手続きに必要な基礎資料として印刷した帳表で、該当する保険年度における各社員の労働保険賃金が正しく集計されていることを確認します。

　「算定基礎届」「月額変更届」は、"支給した日の月"で集計しましたが、労働保険は"月分の給与"で集計します。

　確認した結果、被保険者区分の付け忘れがある場合、賃金に差異がある場合は社員ごとにデータを補正します。

プロからの実務上のアドバイス

● **労働保険賃金が正しく集計されているかどうかの確認の視点**
　労働保険賃金が正しく集計されているかどうかは、次の視点で確認することをお勧めします。

視点1：雇用保険に加入しているか？
　ハローワークへ、「雇用保険適用事業所情報提供請求書」を申請すると、事業所別に被保険者台帳を提供してもらえます。この被保険者台帳と、PX2の社員情報で雇用保険の加入状況とを突き合わせて、資格取得届の提出漏れ、PX2での区分の付け忘れがないかを確認します。申請の仕方がわからない、不安だという場合は、かかりつけの社労士等にご相談ください。

視点2：PX2で労働保険の賃金が正しく集計されているか？
　労働保険賃金は、原則として支給合計と一致します。そこで、「社員別基礎賃金内訳」の「①労保賃金合計」と「②給与支給合計」の差異（「③差異（②－①）」）で、差異の有無を確認します。

（1）被保険者区分の付け忘れがある場合は

❶ [社保労保]タブを選択し、ここをクリックします。

キーボード：62＋Enterキー

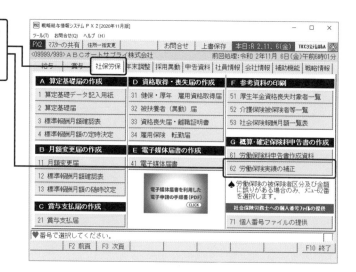

② この画面が表示されますので、社員を選択します。

保険の加入区分を修正します。

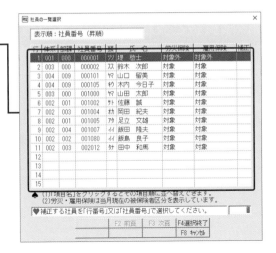

③ この画面が表示されます。

役社員区分が誤って設定されていた場合も、この画面で修正します。

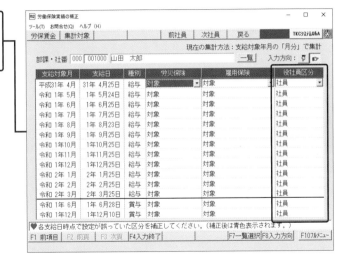

プロからの実務上のアドバイス

●被保険者区分は「社員情報」で設定する

この画面で被保険者でなかった人（対象外）を被保険者（対象）と補正しても、社員情報は連動して補正されないので注意しましょう。今後の計算のため、正しい設定にしましょう。被保険者区分は社員情報で設定し直します。

社員の労働保険情報を修正するには→98頁

VII 労働保険料の申告

VIII 年末調整の手続き

IX 自社情報・社員情報の確認・登録の方法

X 戦略情報

XI その他の機能

XII 「TKCシステムまいサポート」（ヘルプデスク）とは

（2）労働保険賃金と支給合計に差異がある場合は

❶ 前述③の画面で、ここをクリックします。

キーボード：Ctrl+F1

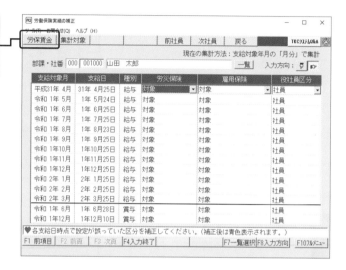

❷ **この画面が表示されます。**

ある月（支給日）の一部の手当てが集計されていない場合は、支給項目の属性が誤っていた可能性が高いため、この画面で金額を補正（加算または減算）します。

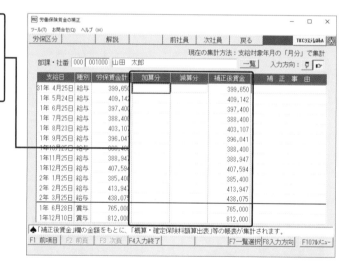

プロからの実務上のアドバイス

● **自動集計された金額に過不足がある場合**

　自動集計された金額に過不足がある場合、その原因は支給項目のいずれかが労働保険の「賃金」として設定されていないためと考えられます。
　設定をご確認ください。

支給項目の設定を確認（変更）するには→311頁

「概算・確定保険料額算出表」を印刷するには

ここでは、「労働保険概算・確定保険料申告書」の転記資料となる「概算・確定保険料算出表」の印刷方法について解説します。

VII 労働保険料の申告

VIII 年末調整の手続き

IX 自社情報・社員情報の確認・登録の方法

X 戦略情報

XI その他の機能

XII 「TKCシステムまいサポート」（ヘルプデスク）とは

① **労働保険賃金の確認が完了したら［社保労保］タブのここをクリックします。**

キーボード：61＋Enter キー

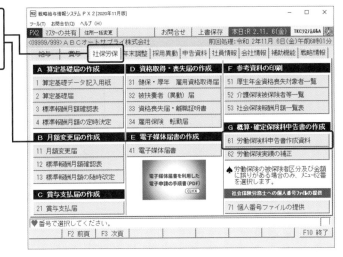

② **この画面が表示されます。**

「印刷帳表の指定」で、「概算・確定保険料額算出表」を指定し、「印刷開始」をクリックします。

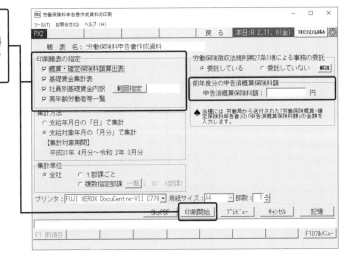

プロからの実務上のアドバイス

● **労働保険事務組合に委託している場合**

　労働保険事務組合に委託している場合、または概算保険料が40万円（一元適用の場合）以上の場合は分割納付ができます。

　労働保険事務組合に委託している場合は、「労働保険徴収法施行規則第27条第1項による事務の委託」で「委託している」を選択してください。

　労働局から送られてきた申告書で申告済概算保険料を確認し、この画面で登録してから、印刷しましょう。

③ 「印刷開始」をクリックして印刷します。

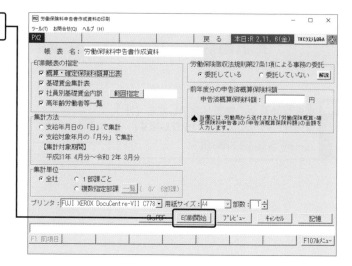

VII 労働保険料の申告

VIII 年末調整の手続き

IX 自社情報・社員情報の確認・登録の方法

X 戦略情報

XI その他の機能

XII 「TKCシステムまいサポート」（ヘルプデスク）とは

5 申告書等への転記・提出をするには

印刷した「概算・確定保険料額算出表」（以下、算出表）をもとに、「労働保険概算・確定保険料申告書」（以下、申告書）の各項目を記入していきます。

■ 労働者数、被保険者数

PX2の算出表

労働保険番号	都道府県	所掌	管 轄	基 幹 番 号	枝 番 号
	0 9	1	0 1	7 0 2 7 4 0	－ 0 0 0

保険関係成立年月日	（労災保険）昭和 39年　4月　1日
	（雇用保険）昭和 39年　4月　1日

常時使用労働者数	10人	各支給日現在の在職社員数の合計を12で除した人数 （小数点以下の端数切捨、但し0人となる場合は1人）
雇用保険被保険者数	10人	各支給日現在の雇用保険被保険者数の合計を12で除した人数 （小数点以下の端数切捨、但し0人となる場合は1人）
免除対象高年齢労働者数	0人	雇用保険被保険者のうち、各支給日現在の高年齢労働者の合計を12で除した人数（小数点以下の端数切捨、但し0人となる場合は1人）

申告書

① 労働保険番号 都道府県 所掌 管轄 基幹番号 枝番号（項2）	管轄(2)	保険関係等	業種	産業分類	あて先 〒

②増加年月日(元号:令和は9)　　　③事業廃止等年月日(元号:令和は9)　　　※事業廃止等理由

④常時使用労働者数　⑤雇用保険被保険者数　⑥免除対象高年齢労働者数　※保険関係　※片保険理由コード

労働保険特別会計歳入徴収官殿

PX2の算出表

【1．概算・確定保険料算定内訳 】

(1)確定保険料算定内訳・一般拠出金

区　　分	算定期間：平成31年 4月分〜令和 2年 3月分		
	保険料・拠出金算定基礎額	保険料・拠出金率	確定保険料・一般拠出金額
労　働　保　険　料	53,415 千円	14.000/1000	747,810 円
労　災　保　険　分	千円	5.000/1000	円
雇保 雇用保険法適用者分	千円		円
険 高年齢労働者分	千円	9.00 /1000	円
用分 保険料算定対象者分	千円	9.00 /1000	円
一　般　拠　出　金	53,415 千円	0.02 /1000	1,068 円

申告書

■ 概算保険料額

VII 労働保険料の申告

VIII 年末調整の手続き

IX 自社情報・社員情報の確認・登録の方法

X 戦略情報

XI その他の機能

XII 「TKCシステムまいサポート」（ヘルプデスク）とは

PX2の算出表

（2）概算保険料算定内訳

区　分	算定期間：令和 2年 4月分～令和 3年 3月分		
	保険料算定基礎額	保険料率	概算保険料額
労　働　保　険　料	53,415 千円	14.000/1000	747,810 円
労　災　保　険　分	千円	5.000/1000	円
雇　用　保　険　分	千円	9.00 /1000	円

申告書

概算・増加概算 保険料算定内訳	⑪ 区　分	算定期間　令和 2 年 4 月 1 日　から　令和　年 3 月 3 1 日　まで		
		⑫保険料算定基礎額の見込額	⑬保険料率	⑭概算・増加概算保険料額（⑫×⑬）
	労働保険料	(イ)　　　　　　　　項20 千円	(イ) 1000分の	(イ)　　　　　　　　　　　項21 円
	労災保険分	(ロ)　　　　　　　　項22 千円	(ロ) 1000分の	(ロ)　　　　　　　　　　　項23 円
	雇用保険分	(ホ)　　　　　　　　項26 千円	(ホ) 1000分の	(ホ)　　　　　　　　　　　項27 円

■ PX2の算出表

【 2．労働保険料の期別納付額 】

当帳表の印刷指定画面で、「前年度分の申告済概算保険料額」と「労働保険徴収法規則第27条1項による事務の委託」を入力することにより、労働保険料の期別納付額が計算できます。

(1)確定保険料と概算保険料の差引額

項 目 名	金 額
確定労働保険料額 　　（①）	円
申告済概算保険料額 　（②）	円
充 当 額 （②－①）	円
不 足 額 （①－②）	円

(2)期別納付額

	概算保険料額	充 当 額	不 足 額	今期労働保険料	一般拠出金	今期納付額
				期 別 納 付 額		
第 1 期	円	円	円	円	円	円
第 2 期	円	円	第 2 期納付額 円			
第 3 期	円	円	第 3 期納付額 円			

■ 申告書

VIII 年末調整の手続き

1 年末調整の処理の流れを理解しよう

まずは、年末調整の業務を進めるために必要な各種帳表の印刷、配付、データの記入等を行います。年調社員情報の入力、確認を行い、最終の支給給与（賞与）計算を実施し、「給与（賞与）支払明細書」や「源泉徴収票」の印刷などを行った後、会計事務所に引き渡すための年末調整結果データを作成します。

1 PX2用年末調整プログラムの登録

インターネットに接続している場合、［年末調整］タブを選択すると、「PX2用年末調整プログラム」が登録されます。登録されると、タブの［年末調整］が赤文字で表示されます。赤文字にならない場合は、TKC会計事務所へお問い合わせください。

2 年末調整の準備

年末調整業務に先立ち、その準備のため、以下の帳表の印刷や配付、データの記入を行います。マイナンバーを未収集の場合は、申告書の回収に合わせて収集します。

①年末調整の準備書類確認表
②年調社員情報記入用紙
③「扶養控除等申告書」（原則、年末調整確認用）（※1）
④「基礎控除・配偶者控除等・所得金額調整控除申告書」（※1）
⑤「保険料控除申告書」（※1）
⑥パート・アルバイト年収確認表

（※1）「PXまいポータル」を利用している場合は、各社員がパソコンやスマホからWebで入力できます。Web入力では、マイナンバーも収集、保管できます。

PXまいポータルで「扶養控除等申告書」をWeb入力するには→260頁

3 年調社員情報の入力・確認

上記で回収した③～⑤の申告書に基づき、各社員の扶養親族情報を確認（修正）します。また、生命保険料等の控除情報を入力します。（※2）

（※2）「PXまいポータル」を利用している場合は、各社員がパソコンやスマホからWebで入力した内容を取り込みます。

PXまいポータルでWeb入力された「扶養控除等申告書」のデータを取り込むには→268頁

VII 労働保険料の申告

VIII 年末調整の手続き

IX 自社情報・社員情報の確認・登録の方法

X 戦略情報

XI その他の機能

XII 「TKCシステムまいサポート（ヘルプデスク）」とは

4　年調社員情報の入力内容のチェック

「入力内容のエキスパートチェック」機能を利用して、各社員の入力データをチェックし、
誤りがある場合はそのデータを補正します。

5　最終支給給与（賞与）計算の実施

当年の最終支給給与（賞与）のデータ入力・計算は、年末調整処理の前後で、通常月と同
様の手順で実施します。

6　年末調整計算と計算結果の確認

年末調整計算を実施します。結果を確認し、必要に応じてデータを修正、再計算および確
認を行います。

7　「源泉徴収票」「源泉徴収簿」の印刷

年調計算結果を反映した「源泉徴収票」「源泉徴収票簿」を印刷します。[※3]

（※3）「PXまいポータル」を利用している場合、「源泉徴収票」をアップロードし、各社員が閲覧できるよう
　　　にします。

8　年末調整結果データの作成

PX2で実施した年末調整結果を会計事務所に引き渡すため、年末調整結果データを作成
します。「PX法定調書作成システム」を利用の場合、PX法定調書用の年末調整結果の連
動データを作成します。

年末調整結果データを作成するには→253頁

PX法定調書用データを作成するには→256頁

9　法定調書作成システムで行う処理

会計事務所では、年末調整結果データを「TPS9000」に読み込み、「法定調書合計表」
等の法定調書を作成します。

「年末調整の手引き」を活用しよう

　年末調整の処理の流れや操作手順、入力項目の詳細が知りたいときは、「年末調整処理の手引き」を見てみましょう。

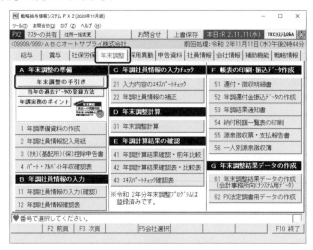

VII 労働保険料の申告

VIII 年末調整の手続き

IX 自社情報・社員情報の確認・登録の方法

X 戦略情報

XI その他の機能

XII 「TKCシステムまいサポート（ヘルプデスク）」とは

2 年末調整の準備について

年末調整計算に必要なデータの入力にあたり、各社員へ申告書等を配付します。

■「扶養控除等申告書」や「基礎控除・配偶者控除等・所得金額調整控除申告書」の配付

❶ [年末調整]タブを選択し、ここをクリックします。

　　キーボード：3＋Enterキー

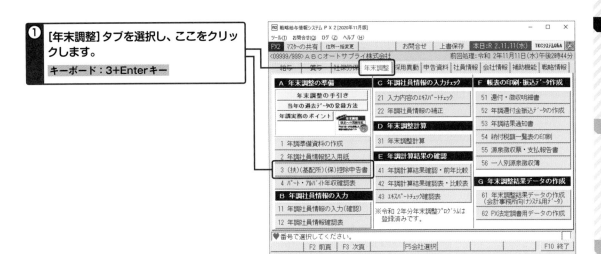

❷ この画面が表示されます。

❸「印刷帳表」欄で、各社員へ配付する申告書にチェックをつけて「印刷開始」をクリックします。

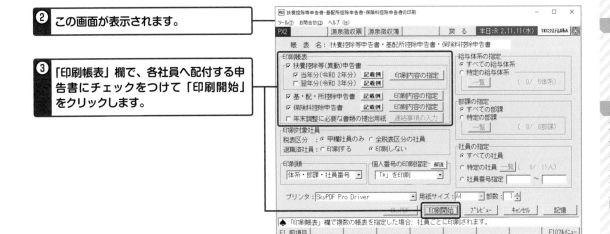

プロからの実務上のアドバイス

● 「扶養控除等申告書」などの配付の際の留意点

「記載例」ボタンをクリックすると、記載例（PDF）が表示されます。申告書等と合わせて各社員へ配付し、書き方でつまずかないようにサポートしましょう。

プロからの実務上のアドバイス

●ひとり親等控除は性別記入が必要

　ひとり親等控除（ひとり親控除、寡婦控除）のうち、寡婦控除は社員の性別が影響します。「印刷内容の指定」ボタンをクリックした画面で、性別記入欄を印刷する設定にしておきましょう。

ここもチェック！

各社員からWebで申告書等を入力してもらうための事前準備

　「PXまいポータル」を利用している場合、メニューの「3（扶）（基配所）（保）控除申告書」をクリックすると、この画面が表示されます。

　各社員からWebで各申告書を入力してもらう場合の事前準備などを行うことができます。

PXまいポータルで申告書等をWeb入力するには→260頁

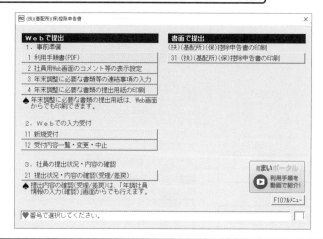

市町村合併があった場合は

　市町村合併があった時は、下の画面の枠をクリックします。クリックした後に表示される画面で、社員の「住所」および「市町村コード」を、変更後の市町村名、市町村コードに変更できます。

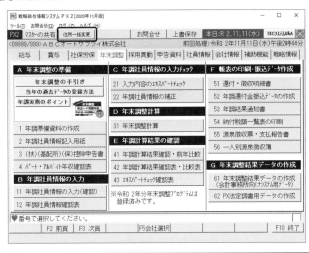

「1 年調準備資料の作成」「2 年調社員情報記入用紙」を活用しよう

　どの書類を提出してもらえばよいのかわからないときは、「1 年調準備資料の作成」を印刷しましょう。また、どの申告書からどの項目を入力すればよいかわかりづらいときには、「2 年調社員情報記入用紙」で記入用紙を印刷しましょう。これらの記入用紙は、画面と同じ設計になっていますので、情報が足りない項目の確認と入力がしやすくなります。

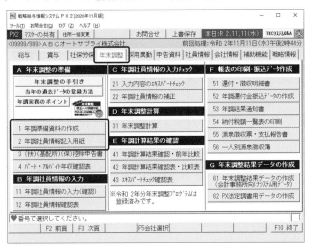

VII 労働保険料の申告

VIII 年末調整の手続き

IX 自社情報・社員情報の確認・登録の方法

X 戦略情報

XI その他の機能

XII 「TKCシステムまいサポート」（ヘルプデスク）とは

PX2利用開始前には支給実績を入力しよう

　PX2を年の途中から利用開始した場合は、その年の1月からPX2利用開始の前月までの給与および賞与の支給実績を登録する必要があります。

① [補助機能] タブを選択し、ここをクリックします。

キーボード：11＋Enterキー

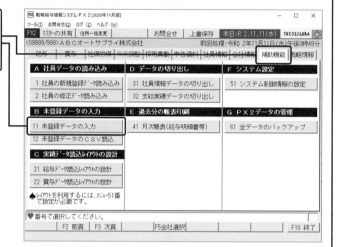

② この画面が表示されますので、処理年分を入力して「OK」をクリックします。

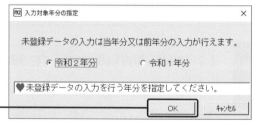

③ 入力方法の設定と社員の選択をした後、この画面が表示されます。

1) 支給月、支給日、給与体系および部課を入力します。

2) ここをクリックします。

キーボード：Ctrl＋F2

VII 労働保険料の申告

VIII 年末調整の手続き

IX 自社情報・社員情報の確認・登録の方法

X 戦略情報

XI その他の機能

XII 「TKCシステムまいサポート〈ヘルプデスク〉」とは

④ **この画面が表示されます。**
1) 賃金台帳等から、各支給日の勤怠、給与の支給・控除のデータを入力します。
2) 賞与のデータを入力する場合は、ここをクリックします。

キーボード：Ctrl＋F1

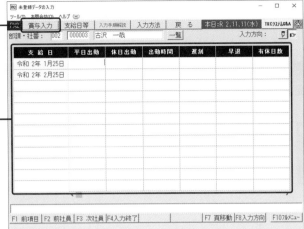

「F7頁移動」で、勤怠、支給、控除の各入力項目の先頭へ飛べるよ!

プロからの実務上のアドバイス

●年末調整処理のため次の金額は入力しておくこと
①課税支給額
②使用人賞与計・役員賞与計
③社会保険料
④源泉徴収税額（所得税）
⑤扶養親族等の数（扶養数）

プロからの実務上のアドバイス

● **「課税支給額」は自動計算されない**
「基本給」や「課税通勤手当」等の支給項目を入力しても、「課税支給額」欄は自動計算されません。課税対象の支給金額を入力（修正）する際は、「課税支給額」も必ず入力（修正）しましょう。

⑤ **この画面が表示されます。**
賞与についても、給与と同様に、支給月や支給日を入力し、ここをクリックして画面を切り替えた後、支給・控除のデータを入力します。

3 年調社員情報を入力するには

ここでは、年調社員情報の入力や確認方法などについて解説します。

（1）年末調整計算に必要なデータを入力するには

❶ [年末調整] タブを選択し、ここをクリックします。

キーボード：11＋Enterキー

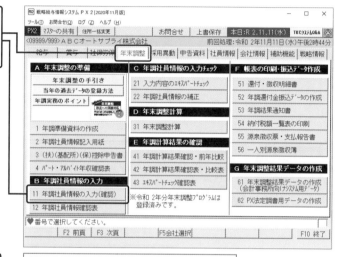

❷ この画面が表示されますので、「OK」をクリックします。

申告書等の入力原票に扶養や社員番号が印刷されている場合は「社員番号を指定して個別入力」の方が便利だよ！

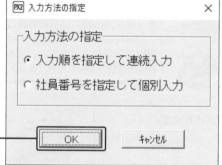

❸ この画面が表示されます。

入力順を指定し、入力を開始する社員を選択して「OK」をクリックします。

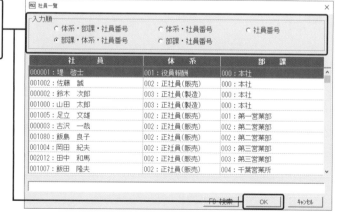

(2) [基本情報] タブの項目

[社員情報] タブの「1 社員情報確認・修正」のデータに基づいて、社員氏名や住所等が初期表示されますので確認してください。内容に誤りがある場合は修正します。

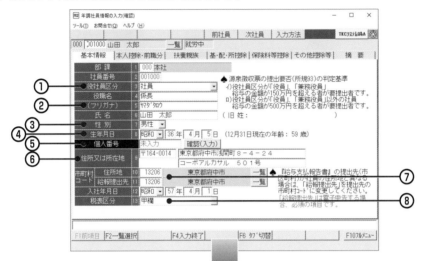

① 役社員区分
「給与所得の源泉徴収票」の税務署への提出要否の判定に利用します。

② 氏名、フリガナ
社員の氏名、フリガナを入力します。

③ 性別
寡婦控除の判定に利用します。

④ 生年月日
年末調整する社員（税表区分が「甲欄」の社員）は入力必須です。扶養控除額の判定に利用します。

⑤ 個人番号
個人番号（12桁の数字）を入力します。

⑥ 住所又は所在地
社員の郵便番号および住所を入力します。

⑦ 市町村コード
「住所又は所在地」欄を入力（変更）後、自動表示されますので、原則として直接入力は不要です。「給与支払報告書」の提出先が「住所又は所在地」と異なる場合は、直接入力します。

1）住所地：社員情報の市町村コード及び市町村名を表示します。

2）給報提出先：「給与支払報告書」の提出先となる市町村です。

「住所地」情報が省略値として印刷されます。

⑧ 税表区分
年末調整の対象となるか否かの判定に利用します。

①と⑦は特にチェックね！

VII 労働保険料の申告

VIII 年末調整の手続き

IX 自社情報・社員情報の確認・登録の方法

X 戦略情報

XI その他の機能

XII 「TKCシステムまいサポート」（ヘルプデスク）とは

（3）［本人控除・前職分］タブの項目

　「本人控除区分」や前職分の情報は、［社員情報］タブの「1 社員情報確認・修正」のデータに基づいて初期表示されます。内容に誤りがある場合は修正します。

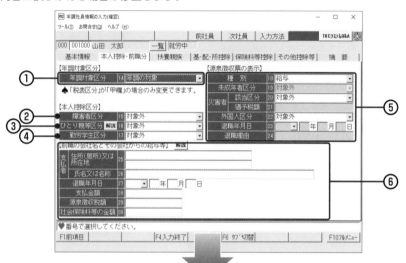

① 年調対象区分
［基本情報］タブの税表区分が「甲欄」の社員について、「年調の対象」かどうかを選択します。
年の中途で退職した社員や災害者に該当する社員などは、「年調の対象外」となります。
ここで、「年調の対象」としている社員について、年末調整計算します。

② 障害者区分
本人が障害者控除を受ける場合に選択します。

③ ひとり親等区分
本人がひとり親または寡婦の対象となるかどうかを選択します。「解説」ボタンをクリックすると、「ひとり親等控除」の適用要件を確認できます。

④ 勤労学生区分
本人が勤労学生控除を受ける場合に選択します。

⑤ 源泉徴収票の表示
「源泉徴収票・給与支払報告書」に印刷されます。各項目について、該当する選択肢から選択します。

⑥ 前職の会社名とその会社からの給与等
年の中途で入社し、前職で給与（賞与）の支給を受けていた場合に、前職から交付される「給与所得の源泉徴収票」をもとに実際の支給額等を入力します。［社員情報］タブの「1 社員情報確認・修正」の［税額表等］タブで入力済の場合は、その内容が初期表示されます。

プロからの実務上のアドバイス

●中途入社の人の前職情報を忘れずに
　前職が2か所以上ある場合、前職の支払者や住所地は「主たる」会社のもの（それ以外は「他、○○社」などと記載）、支払金額等の金額は各会社の合算金額を入力します。

VII 労働保険料の申告

VIII 年末調整の手続き

IX 自社情報・社員情報の確認・登録の方法

X 戦略情報

XI その他の機能

XII 「TKCシステムまいサポート（ヘルプデスク）」とは

(4) [扶養親族] タブの項目

[社員情報] タブの「1 社員情報確認・修正」の [家族情報] タブで入力済の場合は、その内容が初期表示されます。

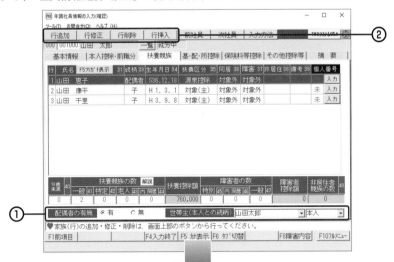

---

❶ 「配偶者の有無」「世帯主（本人との続柄）」

「配偶者の有無」「世帯主（本人との続柄）」は、「扶養控除等申告書」に基づき確認します。

❷ 「行追加」「行修正」「行削除」「行挿入」

家族の追加、修正、削除は、画面上部の「行追加」「行修正」「行削除」「行挿入」の各ボタンをクリックして行います。

「行追加」「行修正」「行挿入」をクリックすると以下の画面が表示されます。家族の詳細情報を確認（修正）します。

「扶養控除等申告書」の見方とPX2での区分の入力の仕方→92頁

(5) [基・配・所控除] タブの項目

「基礎控除・配偶者控除等・所得金額調整控除申告書」に基づき入力します。

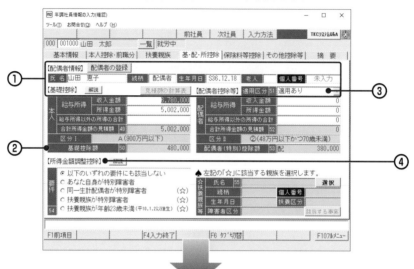

❶ 配偶者情報

源泉控除対象配偶者以外の配偶者で、配偶者控除、配偶者特別控除の適用を受ける場合は、「配偶者の登録」ボタンから登録できます。

❷ 基礎控除額

本人の給与所得、給与所得以外の所得の合計を入力します。給与の収入金額を入力すると、所得金額を自動計算します。

❸ 配偶者控除等

配偶者が登録されている場合、適用区分は、原則として「適用あり」を選択します。

配偶者の年間所得が登録されていないなどの理由で、年末調整では配偶者控除、配偶者特別控除の適用を受けない場合に「適用なし」を選択します。

また、「適用あり」の場合、配偶者の給与所得、給与所得以外の所得の合計を入力します。給与の収入金額を入力すると、所得金額を自動計算します。

❹ 所得金額調整控除

要件欄にあてはまる選択肢がある場合、その中の一つを選択します。

1) 「同一生計配偶者が特別障害者」「扶養親族が特別障害者」「扶養親族が年齢23歳未満」のいずれかを選択した場合、「☆扶養親族等」欄の「選択」ボタンから選択した要件を満たす扶養親族を1人選択します。

2) 「扶養親族が特別障害者」を選択し、扶養親族が「他の所得者の扶養」である場合、「該当する事実」ボタンから「特別障害者に該当する事実」を入力します。

(6) ［保険料等控除］タブの項目

「保険料控除申告書」に基づき、当年の年末調整において控除を受ける生命保険料等の情報を入力します。

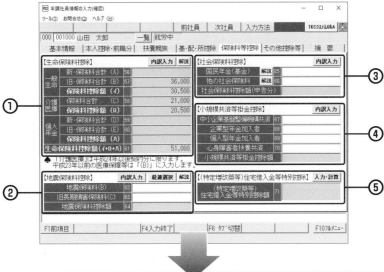

VII 労働保険料の申告

VIII 年末調整の手続き

IX 自社情報・社員情報の確認・登録の方法

X 戦略情報

XI その他の機能

XII 「TKCシステムまいサポート」（ヘルプデスク）とは

❶ 生命保険料控除

1)「内訳入力」ボタンをクリックすると、下の画面が表示されます。

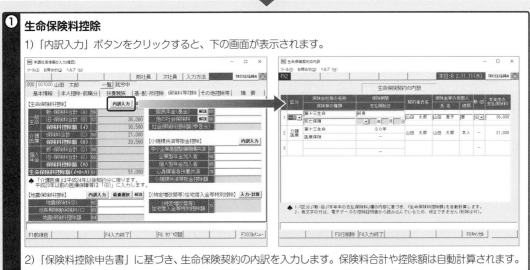

2)「保険料控除申告書」に基づき、生命保険契約の内訳を入力します。保険料合計や控除額は自動計算されます。

入力した内容は、「支払保険料」を除いて翌年に引き継がれるよ！
翌年は入力が楽になるね！

❷ 地震保険料控除

1)「内訳入力」ボタンをクリックすると、右側の画面が表示されます。

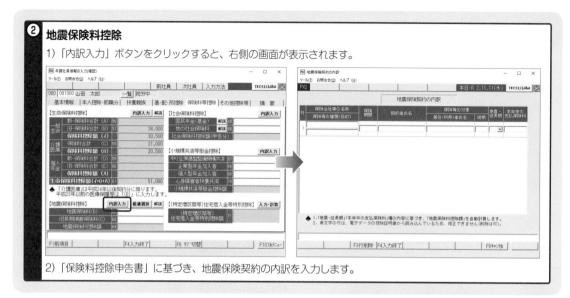

2)「保険料控除申告書」に基づき、地震保険契約の内訳を入力します。

入力した内容は、「支払保険料」を除いて翌年に引き継がれますよ!
翌年は入力が楽になるね!

ここもチェック!

所得控除額が大きいのはどちらか

「最適選択」ボタンを押すと下の画面が表示されます。1つの損害保険契約が地震保険と旧長期損害保険に該当する場合は、いずれか一方の保険にのみ所得控除を受けることになります。どちらの保険料で控除を受けると所得控除額が大きくなるかを比較できます。入力した内容は、地震保険料（B）、旧長期損害保険料（C）に複写されるので便利です。

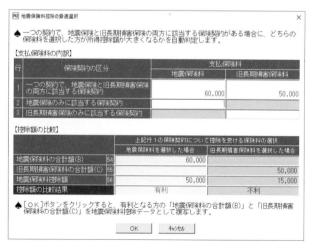

VII 労働保険料の申告

VIII 年末調整の手続き

IX 自社情報・社員情報の確認・登録の方法

X 戦略情報

XI その他の機能

XII 「TKCシステムまいサポート」（ヘルプデスク）とは

❸ 社会保険料控除額（申告分）

1）「内訳入力」をクリックすると、下の画面が表示されます。

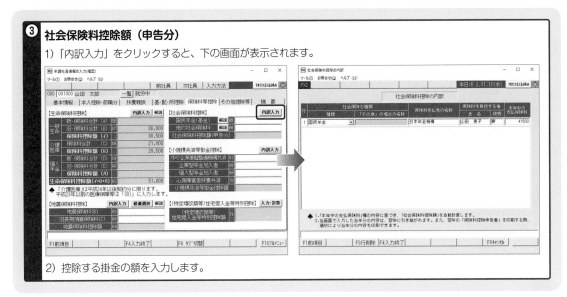

2）控除する掛金の額を入力します。

入力した内容は、「支払保険料」を除いて翌年に引き継がれますよ！
翌年は入力が楽になるね！

❹ 小規模企業共済等掛金控除（申告分）

1）「内訳入力」をクリックすると、下の画面が表示されます。

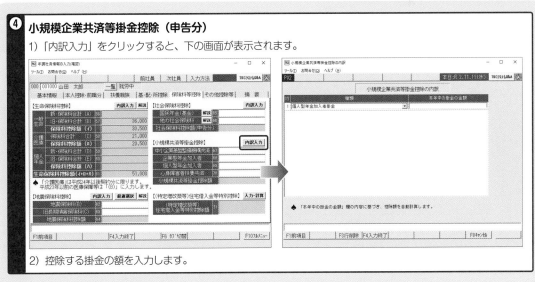

2）控除する掛金の額を入力します。

❺ 住宅借入金等特別控除

1)「入力・計算」をクリックすると、下の画面が表示されます。

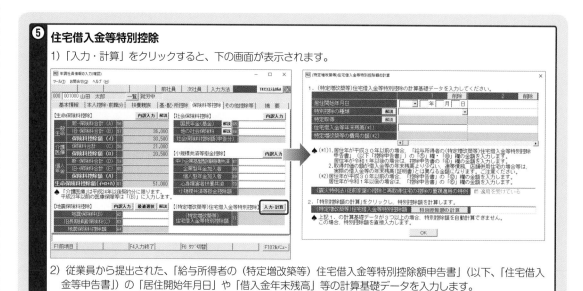

2) 従業員から提出された、「給与所得者の（特定増改築等）住宅借入金等特別控除額申告書」（以下、「住宅借入金等申告書」）の「居住開始年月日」や「借入金年末残高」等の計算基礎データを入力します。

VII 労働保険料の申告

VIII 年末調整の手続き

IX 自社情報・社員情報の確認・登録の方法

X 戦略情報

XI その他の機能

XII 「TKCシステムまいサポート（ヘルプデスク）」とは

住宅借入金等特別控除の入力のポイント

各欄の入力にあたって、ポイントは以下のとおりです。

(1)「特別控除の種類」欄

①「震災特例法」の「住宅の再取得に係る住宅借入金等特別控除の控除額の特例」の適用を受けている場合、「（震災）住宅再取得等の特例」を選択します。

②認定低炭素住宅の新築等に係る住宅借入金等特別控除の特例を選択している場合、「認定住宅（長期優良・低炭素）」を選択します。

(2)「特定取得」欄

「居住開始年月日」が平成２６年４月１日以降の場合で、「特別控除の種類」が「（震災）住宅再取得等の特例」以外の場合に指定します。

また、「居住開始年月日」が令和元年10月1日以降の場合は、「特別特定取得」を指定できます。

(3)「住宅借入金等年末残高」欄

「住宅借入金等申告書」の「⑤」欄・「⑩」欄の金額を入力します。

「⑤」欄・「⑩」欄は、土地・家屋の取得対価の額が借入金等の残高より少ない場合、連帯債務の場合、店舗併用住宅の場合等に、実際の借入金等の年末残高とは異なる金額になります。

(4)「特定増改築等の費用の額」欄

「住宅借入金等申告書」の「⑫」欄の金額を入力します。

(5)「従前家屋の控除と再取得住宅の控除の重複適用の特例」欄

「震災特例法」の「重複適用の特例」の適用を受けている場合、「適用を受けている」にチェックマークを付けます。

● 初年度の住宅借入金等特別控除は本人が確定申告する

　住宅借入金等特別控除については、初年度は、自分で確定申告をしなければなりません。その点を注意しましょう。

（7）［その他控除等］タブの項目

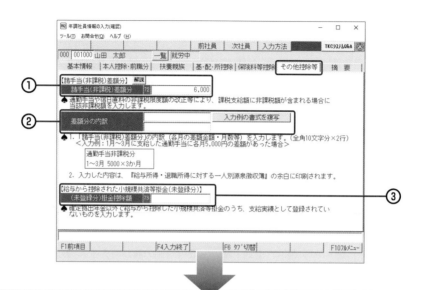

① 諸手当（非課税）差額分

税法改正にともない通勤手当や宿日直料など非課税分の差額調整が必要な場合にその合計額を入力します。

② 差額分の内訳

「諸手当（非課税）差額分」の内訳（各月の差額金額・差額があった月数等）を入力します。入力した内容は、「一人別源泉徴収簿」の余白に印刷されます。

区 分		金 額 円	税	額 円
給 料 ・ 手 当 等 ④		4 428 414	⑤	56 880
賞 与 等 ⑥		1 765 000	⑥	63 323
計 ⑦		6 193 414	⑧	120 203
給与所得控除後の給与等の金額 ⑨		4 513 600	※ 所得金額調整控除申告の提出がある場合は⑩に記載。	
所得金額調整控除額（※）((⑦−8,500,000円)×10％、マイナスの場合は0) ⑩				
給与所得控除後の給与等の金額（調整控除後）（⑨−⑩） ⑪		4 513 600	配偶者の合計所得金額	0円
社会保険料等控除額	給与等からの控除分（②＋⑤） ⑫	978 757	旧長期損害保険料支払額 円	
	申告による社会保険料の控除分 ⑬			
	申告による小規模企業共済等掛金の控除分 ⑭		⑭のうち小規模企業共済等掛金の金額 円	
年末	生命保険料の控除額 ⑮	51 000		
	地震保険料の控除額 ⑯		⑭のうち国民年金保険料等の金額 円	
	配偶者（特別）控除額 ⑰	380 000		
	扶養控除額及び障害者等の控除額の合計額 ⑱	760 000	諸手当（非課税）差額分 6,000円	

③ 給与から控除された小規模共済等掛金（未登録分）

小規模企業共済等掛金のうち、社会保険料と同様に給与から控除された掛金があり、かつ、月々の給与処理実績として登録していなかった金額がある場合のみ、当欄に入力します。PX2の確定拠出年金掛金の控除機能を利用して、月々の給与計算時に控除しているような場合には、入力は不要です。

(8)［摘要］タブの項目

「源泉徴収票・給与支払報告書」の摘要欄に記載する内容を編集します。

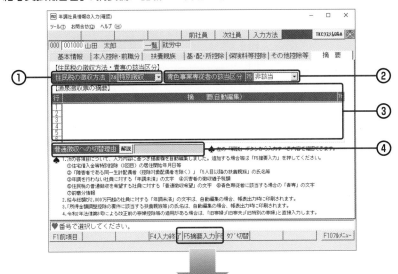

① 住民税の徴収方法

「普通徴収」を選択した場合、摘要欄に「普通徴収希望」の文字が表示（印刷）されます。

② 青色事業専従者の該当区分

「該当」を選択した場合、摘要欄に「青専」の文字が表示（印刷）されます。

③ 摘要欄

［基本情報］タブから［その他控除等］タブまでの内容に基づき、自動表示されます。

自動表示される内容のほかに記載する内容がある場合は、「F5摘要入力」ボタンをクリックして直接入力します。

④ 普通徴収への切替理由

所在地の市町村で「給与支払報告書」の摘要欄に普通徴収への切替理由の記載が求められている場合、「普通徴収への切替理由」を入力します。入力した内容は、摘要欄の最後に印刷されます。

入力の要否については、TKC会計事務所へお問い合わせください。

プロからの実務上のアドバイス

●前職情報を忘れずに入力すること

前職が2か所以上ある場合は、「F5摘要入力」※ボタンで2か所目以降の給与の支払者や住所地を直接入力できます。入力した内容は「源泉徴収票」「給与支払報告書」に印刷されます。

※「F5摘要入力」ボタンは上画面の下段の色枠を示しています。

VII 労働保険料の申告
VIII 年末調整の手続き
IX 自社情報・社員情報の確認・登録の方法
X 戦略情報
XI その他の機能
XII 「TKCシステムまいサポート」（ヘルプデスク）とは

4 年末調整の計算をするには

当年の最終支給給与（賞与）計算の作業を終えてから年末調整の計算等の業務に移ります。

❶ [年末調整] タブをクリックし、ここをクリックします。

キーボード：31＋Enterキー

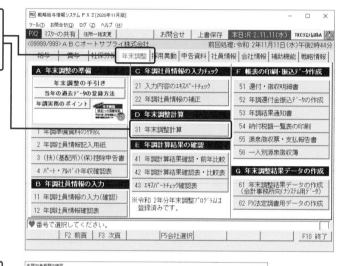

❷ このメッセージが表示されます。内容を確認し、「OK」をクリックします。

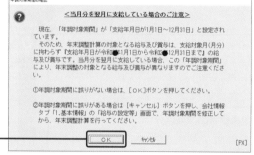

❸ この画面が表示されます。

❹ 「還付・徴収方法」欄では、年末調整計算により生じる過不足税額の還付・徴収方法を指定します。

VII 労働保険料の申告

VIII 年末調整の手続き

IX 自社情報、社員情報の確認・登録の方法

X 戦略情報

XI その他の機能

XII 「TKCシステムまいサポート」（ヘルプデスク）とは

1) 全社員最終支給連動

最終支給の給与・賞与に連動して年末調整計算されます。

年末調整の過不足税額は、最終支給の給与・賞与の源泉徴収税額と相殺または加算して還付・徴収するものとして計算されます。

また、過不足税額は、「給与（賞与）支払明細書」に印刷されます。

2) 全社員別途還付・徴収

最終給与・賞与の支給とは別に、年末調整による過不足税額を還付・徴収するものとして計算されます。

この場合は、「年末調整還付（徴収）明細書」を印刷します。

3) 　**社員毎に選択**

社員ごとに選択します。

社員ごとに「最終支給連動」または「別途還付・徴収」を指定します。

還付・徴収方法の社員別設定	✕

社員氏名	還付・徴収方法
000001： 堤　啓士	● 最終支給連動　○ 別途還付
001002： 佐藤　誠	● 最終支給連動　○ 別途還付
000002： 鈴木　次郎	● 最終支給連動　○ 別途還付
001000： 山田　太郎	● 最終支給連動　○ 別途還付
001005： 足立　文雄	● 最終支給連動　○ 別途還付
000003： 古沢　一哉	● 最終支給連動　○ 別途還付
001080： 飯島　良子	● 最終支給連動　○ 別途還付
001004： 岡田　紀夫	● 最終支給連動　○ 別途還付
002012： 田中　和馬	● 最終支給連動　○ 別途還付
001007： 飯田　隆夫	● 最終支給連動　○ 別途還付
000101： 山口　留美	● 最終支給連動　○ 別途還付
000105： 木内　今日子	● 最終支給連動　○ 別途還付

♥社員ごとに還付・徴収方法を選択してください。

[OK]　[キャンセル]

プロからの実務上のアドバイス

●**年末調整計算と給与計算には順序がある**

「還付・徴収方法」を「最終支給連動」から「別途還付・徴収」に変更した場合、源泉所得税額の再計算が必要になります。年末調整計算だけでなく、最終支給の給与（賞与）も未計算に戻ります。

この場合、「給与（賞与）計算→年末調整計算」の順に計算してください。

プロからの実務上のアドバイス

●**給与と賞与の支給日が同じ場合は賞与計算から**

当年最後の給与と賞与の支給日が同じ場合、最終支給は自動的に「給与」となります。

年末調整も給与に連動して計算されますので、「賞与計算→給与計算→年末調整計算」の順に処理してください。

⑤ 給与（賞与）体系ごとに年末調整計算を行うタイミングが異なる場合に、計算対象の給与（賞与）体系を指定して年末調整計算します。

「給与体系を指定」と「賞与体系を指定」では、「一覧」ボタンから、特定の給与（賞与）体系のみを指定して計算できます。

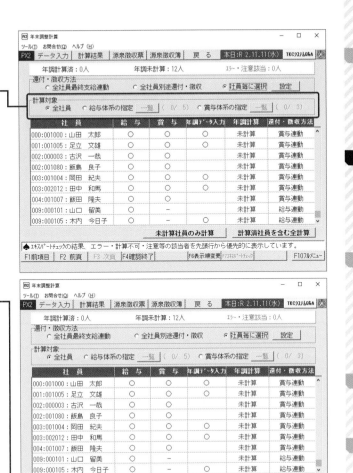

⑥ ここをクリックして年末調整計算します。

⑦ 計算終了後は、「年調計算」欄に計算結果が表示されます。

選択（青色反転）した社員の行をダブルクリックすると、計算結果（エキスパートチェック）の詳細を確認できます。

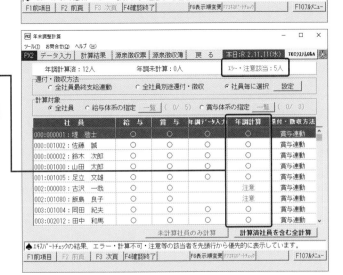

Ⅶ 労働保険料の申告

Ⅷ 年末調整の手続き

Ⅸ 自社情報・社員情報の確認・登録の方法

Ⅹ 戦略情報

Ⅺ その他の機能

Ⅻ 「TKCシステムまいサポート」（ヘルプデスク）とは

エラー表示が出たら忘れずに修正・再計算を

　「年調計算」欄がエラー、注意、と表示される社員がいる状態で画面を閉じるとき、以下のメッセージが表示されます。後で修正する場合は、「警告を無視（する)」ボタンをクリックすることになりますが、忘れずに修正してください。

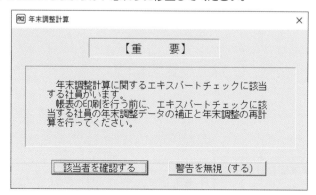

VII 労働保険料の申告

VIII 年末調整の手続き

IX 自社情報・社員情報の確認、登録の方法

X 戦略情報

XI その他の機能

XII 「TKCシステムまいサポート」（ヘルプデスク）とは

5 「源泉徴収票」「源泉徴収簿」を印刷するには

ここでは、「源泉徴収票」や「給与支払報告書」「源泉徴収簿」の印刷方法について解説します。

プロからの
実務上の
アドバイス

●メニューが「表示されない」「クリックできない」ときは
[55 源泉徴収票・支払報告書]や「56 一人別源泉徴収簿」の
メニューが「表示されない」あるいは「クリックできない」場合は、
TKC会計事務所へお問い合わせください。

① [年末調整] タブを選択し、ここをクリックします。

・源泉徴収票・給与支払報告書の印刷
キーボード：55＋Enterキー

・源泉徴収簿の印刷
キーボード：56＋Enterキー

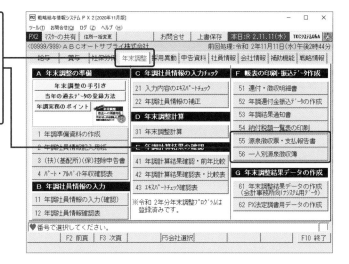

② 上記①の「55 源泉徴収票・支払報告書」では、この画面が表示されます。

「A4用紙への印刷形式の指定」等を指定し、「印刷開始」をクリックします。

③ **前述①の「56 一人別源泉徴収簿」では、この画面が表示されます。**

「印刷対象」等を指定し、「印刷開始」をクリックします。

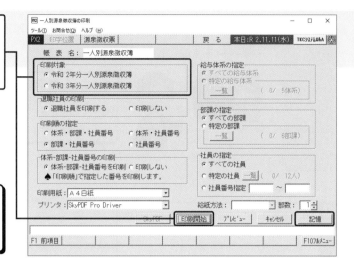

頻繁に印刷する場合は、「記憶」ボタンを押しておくと、同じ設定で簡単に印刷できるよ！

サンプル帳表→355頁

VII 労働保険料の申告

VIII 年末調整の手続き

IX 自社情報・社員情報の確認・登録の方法

X 戦略情報

XI その他の機能

XII 「TKCシステムまいサポート」（ヘルプデスク）とは

6 過去分の「源泉徴収票」を印刷するには

ここでは、過去の「源泉徴収票」の印刷方法について解説します。

●メニューが「表示されない」「クリックできない」ときは
「42 給与所得の源泉徴収票」のメニューが「表示されない」あるいは「クリックできない」場合は、TKC会計事務所へお問い合わせください。

① **[補助機能] タブを選択し、ここをクリックします。**

キーボード：42＋Enterキー

② **この画面が表示されます。**
どの年分について印刷するかを指定します。
PX2では過去3年分を印刷できます。

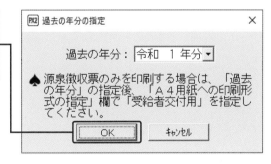

③ **この画面が表示されます。**

「A4用紙への印刷形式の指定」等を指定し、「印刷開始」をクリックします。

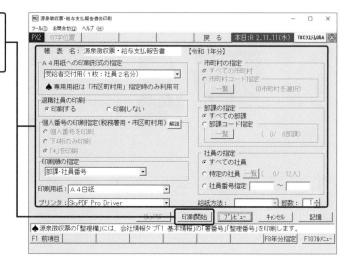

7 年末調整した結果を会計事務所へ渡すには

ここでは、年末調整した結果を会計事務所に渡す際の、そのデータ作成の方法について解説します。

プロからの実務上のアドバイス

●メニューが「表示されない」「クリックできない」ときは
[61 年末調整結果データの作成]のメニューが「表示されない」あるいは「クリックできない」場合は、TKC会計事務所へお問い合わせください。

❶ [年末調整]タブを選択し、ここをクリックします。
キーボード：61＋Enterキー

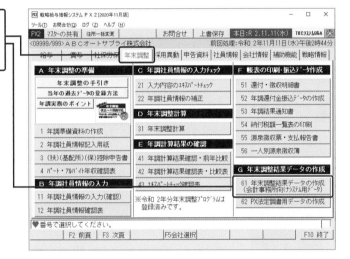

❷ この画面が表示されますので、ここをクリックします

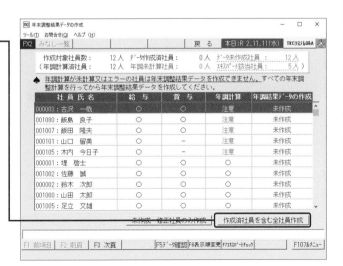

VII 労働保険料の申告
VIII 年末調整の手続き
IX 自社情報・社員情報の確認・登録の方法
X 戦略情報
XI その他の機能
XII 「TKCシステムまいサポート」（ヘルプデスク）とは

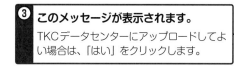

③ このメッセージが表示されます。

TKCデータセンターにアップロードしてよい場合は、「はい」をクリックします。

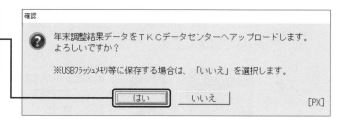

確認

年末調整結果データをTKCデータセンターへアップロードします。よろしいですか？

※USBフラッシュメモリ等に保存する場合は、「いいえ」を選択します。

[はい]　いいえ

[PX]

④ 続いてこのメッセージが表示されます。

TKCデータセンターへのアップロードの注意点を確認し、「はい」をクリックします。

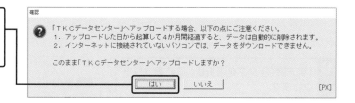

確認

「TKCデータセンター」へアップロードする場合、以下の点にご注意ください。
1．アップロードした日から起算して4か月間経過すると、データは自動的に削除されます。
2．インターネットに接続されていないパソコンでは、データをダウンロードできません。

このまま「TKCデータセンター」へアップロードしますか？

[はい]　いいえ

[PX]

⑤ 作成が終了すると、このメッセージが表示されます。「OK」をクリックします。

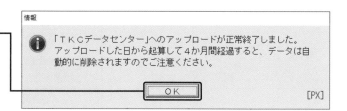

情報

「TKCデータセンター」へのアップロードが正常終了しました。アップロードした日から起算して4か月間経過すると、データは自動的に削除されますのでご注意ください。

[OK]

[PX]

ここもチェック！

オンラインデポサービスを利用していない場合は

①オンラインデポサービスを利用していない場合は、前述の③でデータの作成を開始すると、左下のメッセージが表示されます。

②「OK」をクリックします。作成先のUSBメモリ等に年末調整結果データが作成されます。

③作成が終了すると右下のメッセージが表示されます。「OK」をクリックします。

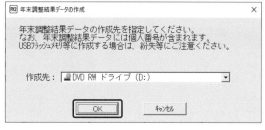

[PX2] 年末調整結果データの作成　　　　　　　　×

年末調整結果データの作成先を指定してください。
なお、年末調整結果データには個人番号が含まれます。
USBフラッシュメモリ等に作成する場合は、紛失等にご注意ください。

作成先：　DVD RW ドライブ（D:）　▼

[OK]　キャンセル

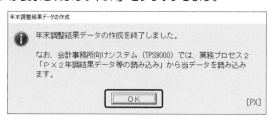

年末調整結果データの作成

年末調整結果データの作成を終了しました。

なお、会計事務所向けシステム（TPS9000）では、業務プロセス2「PX2年調結果データ等の読み込み」から当データを読み込みます。

[OK]

[PX]

VII 労働保険料の申告

VIII 年末調整の手続き

IX 自社情報・社員情報の確認・登録の方法

X 戦略情報

XI その他の機能

XII 「TKCシステムまいサポート」（ヘルプデスク）とは

履歴の残るUSBメモリのときは

①過去に作成したデータの残っているUSBメモリ等を指定して新しいデータを作成する場合、このメッセージが表示されます。

②「はい」をクリックします。過去に作成したデータを消去して新しく年末調整結果データを作成します。

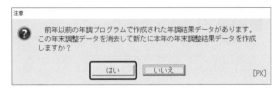

計算後に「注意（みなし）」がある場合は必ず確認表を印刷しよう

　年末調整計算後のエキスパートチェックで、「注意（みなし）」に該当する社員がいる場合、年末調整結果データの作成後、この画面が表示されます。必ず下の画面の「確認表印刷」をクリックして、帳表を印刷してください。印刷した帳表は、TKC会計事務所へお渡しください。

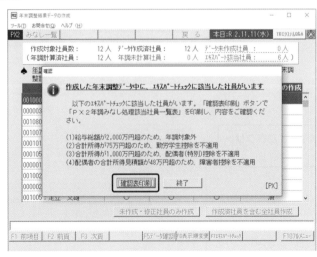

年末調整後、自社で法定調書を電子申告するには

「PX用法定調書作成システム」を利用して電子申告します。このサービスを利用するには、「PX用法定調書作成システム」の申し込みが必要です。TKC会計事務所にご相談ください。

プロからの実務上のアドバイス

● メニューが「表示されない」「クリックできない」ときは
「62 PX法定調書用データの作成」のメニューが「表示されない」あるいは「クリックできない」場合は、TKC会計事務所へお問い合わせください。

① **[年末調整] タブを選択し、ここをクリックします**
キーボード：62+Enterキー

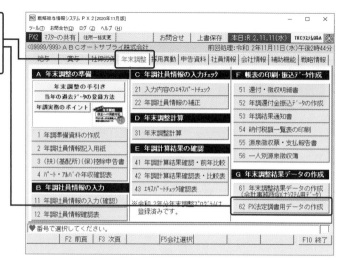

② **この画面が表示されます。ここをクリックします。**

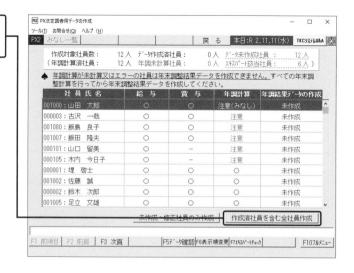

VII 労働保険料の申告
VIII 年末調整の手続き
IX 自社情報・社員情報の確認・登録の方法
X 戦略情報
XI その他の機能
XII 「TKCシステムまいサポート」（ヘルプデスク）とは

③ **このメッセージが表示されます。**
TKCデータセンターにアップロードしてよい場合は、「はい」をクリックします。

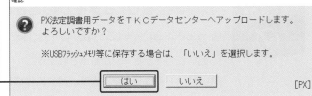

確認

PX法定調書用データをTKCデータセンターへアップロードします。よろしいですか？

※USBフラッシュメモリ等に保存する場合は、「いいえ」を選択します。

[はい]　　いいえ　　　[PX]

④ **続いてこのメッセージが表示されます。**
TKCデータセンターへのアップロードの注意点を確認し、「はい」をクリックします。

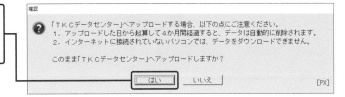

確認

「TKCデータセンター」へアップロードする場合、以下の点にご注意ください。
1．アップロードした日から起算して4か月間経過すると、データは自動的に削除されます。
2．インターネットに接続されていないパソコンでは、データをダウンロードできません。

このまま「TKCデータセンター」へアップロードしますか？

[はい]　　いいえ　　　[PX]

⑤ **作成が終了すると、このメッセージが表示されます。「OK」をクリックします。**

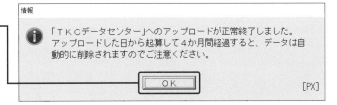

情報

「TKCデータセンター」へのアップロードが正常終了しました。アップロードした日から起算して4か月間経過すると、データは自動的に削除されますのでご注意ください。

[OK]　　　[PX]

ここもチェック！

オンラインデポサービスを利用していない場合は

①オンラインデポサービスを利用していない場合は、前述の③でデータの作成を開始すると、左下のメッセージが表示されます。

②「OK」をクリックします。作成先のUSBメモリ等にPX法定調書用データが作成されます。

③作成が終了すると右下のメッセージが表示されます。「OK」をクリックします。

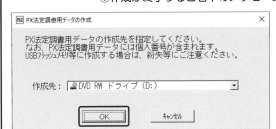

PX法定調書用データの作成　　　　×

PX法定調書用データの作成先を指定してください。
なお、PX法定調書用データには個人番号が含まれます。
USBフラッシュメモリ等に作成する場合は、紛失等にご注意ください。

作成先：　DVD RW ドライブ（D:）

[OK]　　　キャンセル

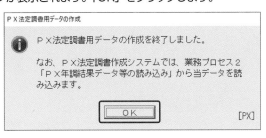

PX法定調書用データの作成

PX法定調書用データの作成を終了しました。

なお、PX法定調書作成システムでは、業務プロセス2「PX年調結果データ等の読み込み」から当データを読み込みます。

[OK]　　　[PX]

履歴の残るUSBメモリのときは

①過去に作成したデータの残っているUSBメモリ等を指定して新しいデータを作成する場合、このメッセージが表示されます。

②「はい」をクリックします。過去に作成したデータを消去して新しくPX法定調書用データを作成します。

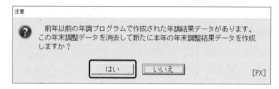

9 翌年の給与（賞与）処理を開始するには

年末調整完了後、以下のような流れで、翌年の給与（賞与）処理を開始するための更新処理（年次更新）を行います。バックアップはとても重要です。しっかり行いましょう。

プロからの実務上のアドバイス

● 「年次更新」は必ず実行しよう

PX2では、更新処理（年次更新）で、年末調整時に入力した「税表区分」および「扶養親族情報」を[社員情報]タブの「1 社員情報確認（修正）」へ複写し、1月分（翌年最初に支給する給与分）からの給与（賞与）計算を行う仕組みになっています。

更新処理前に給与（賞与）を計算すると、古い扶養親族情報に基づいた所得税額で計算される可能性があります。必ず更新処理をしてから、翌年最初に支給する給与（賞与）を計算しましょう。

労働保険料の申告 VII
年末調整の手続き VIII
自社情報・社員情報の確認・登録の方法 IX
戦略情報 X
その他の機能 XI
「TKCシステムまいサポート（ヘルプデスク）」とは XII

---

① 当年分最終の給与（賞与）計算

↓

② 年末調整計算

「還付・徴収方法」の設定（最終支給連動か別途還付（徴収）か）にかかわらず、「③年次更新処理」の前に実施します。

↓

③ 年次更新処理

必ず「④翌年最初に支給する給与（賞与）計算」の前に実施します。バックアップは必ずとりましょう。

↓

④ 翌年最初に支給する給与（賞与）計算

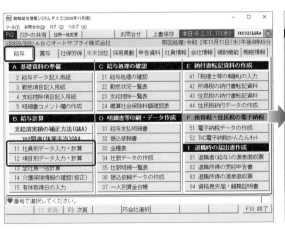

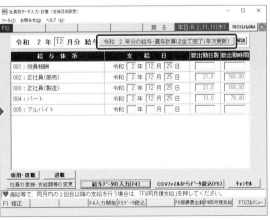

10 「扶養控除等申告書」を社員にWeb入力してもらうには（PXまいポータル利用）

ここでは、「PXまいポータル」を利用して、「扶養控除等申告書」等を社員に
Web入力してもらうための手順等について解説します。

（1）事前準備について

■ 利用手順の確認

① [年末調整] タブを選択し、ここをクリックします。

キーボード：3+Enterキー

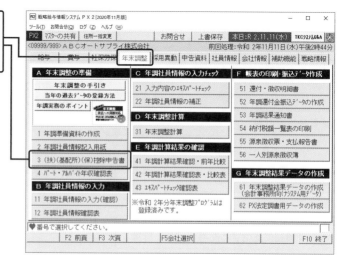

② この画面が表示されます。ここをクリックします。

キーボード：1+Enterキー

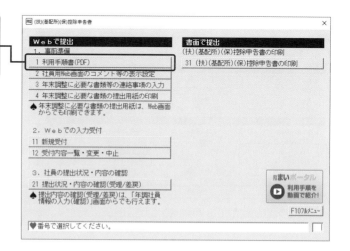

VII 労働保険料の申告

VIII 年末調整の手続き

IX 自社情報・社員情報の確認・登録の方法

X 戦略情報

XI その他の機能

XII 「TKCシステムまいサポート」(ヘルプデスク)とは

■ Web画面のコメント等の表示設定

① [年末調整] タブを選択し、ここをクリックします。

キーボード：3+Enterキー

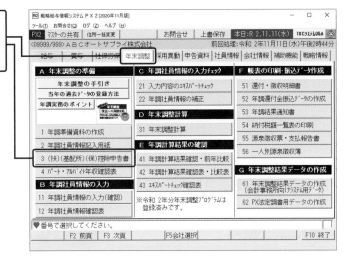

② この画面が表示されます。ここをクリックします。

キーボード：2+Enterキー

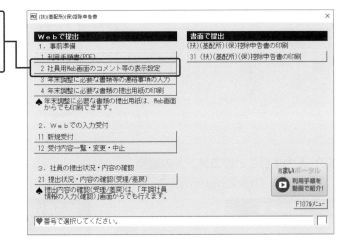

③ この画面が表示されます。

社員がWebで入力する際に、入力画面に表示する注意点や、入力項目の説明を編集できます。

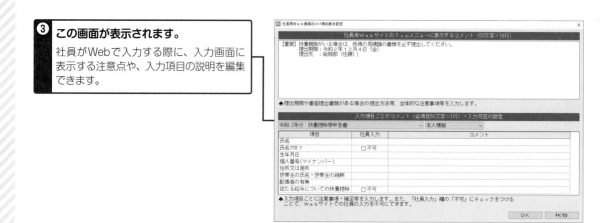

(1) 社員用Web画面のトップメニューのコメントの編集

下図（社員用Web画面のトップメニュー）の①に表示するコメントを編集できます。

(2) 入力項目ごとのコメントの編集

右下の画面（社員用Web画面）の②に表示するコメントを、入力項目ごとに編集できます。

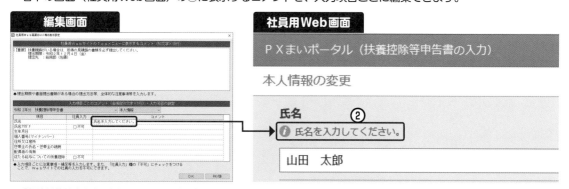

※「保険料控除申告書」「基・配・所控除申告書」には、入力項目ごとのコメント編集機能はありません。

(3) Web画面で入力不可とする項目の設定

「社員入力」欄でチェックを付けた項目は、社員がWebで入力しないように制御できます。

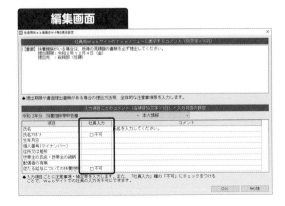

VII 労働保険料の申告

VIII 年末調整の手続き

IX 自社情報・社員情報の確認・登録の方法

X 戦略情報

XI その他の機能

XII 「TKCシステムまいサポート」（ヘルプデスク）とは

■「控除証明書」の貼付用紙を印刷するには

① [年末調整] タブを選択し、ここをクリックします。

キーボード：3＋Enter キー

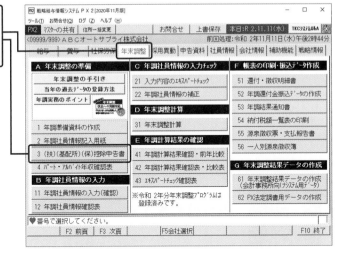

❷ この画面が表示されます。ここをクリックします。

　キーボード：4＋Enterキー

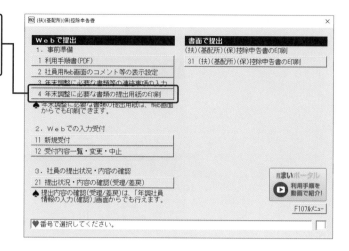

❸ この画面が表示されます。

社員から保険料控除証明書等を提出してもらう際に、台紙となる用紙を印刷します。

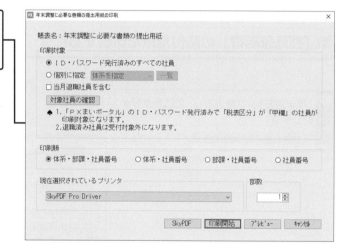

**ここも
チェック！**

各社員へのコメントを入力できる

　印刷した用紙に、会社から各社員へのコメントを入力しておきたい場合は、このメニューの1つ前にある「3 年末調整に必要な書類等の連絡事項の入力」でコメントを入力できます。

**プロからの
実務上の
アドバイス**

● **添付漏れがないように台紙を活用しよう**
書面の保険料控除証明書等は、社員から提出してもらう必要があります。
提出に際しては、「年末調整に必要な書類の提出用紙」を利用しましょう。
社員が控除証明書の添付漏れなどを確認できるほか、台紙として使用できます。

**プロからの
実務上の
アドバイス**

●控除証明書の電子データを読み込むと効率アップ！

　税制改正により、保険会社等から保険料控除証明書等を電子で交付された場合、従業員はその控除証明書の電子データを会社へ提出してよいこととされました。（令和２年分の年末調整から）

　従業員が保険会社のホームページから控除証明書の電子データを入手した場合、PXまいポータルではその電子データを読み込み、自動で申告書に反映します。

　なお、読み込んだ保険料控除のデータは修正できません。

補正を要する場合→275頁

Ⅶ　労働保険料の申告

Ⅷ　年末調整の手続き

Ⅸ　自社情報・社員情報の確認・登録の方法

Ⅹ　戦略情報

Ⅺ　その他の機能

Ⅻ　「TKCシステムまいサポート」（ヘルプデスク）とは

（2）「扶養控除等申告書」の受付開始について

❶ [年末調整] タブを選択し、ここをクリックします。

キーボード：3＋Enter キー

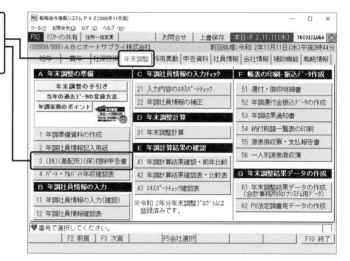

❷ この画面が表示されます。ここをクリックします。

キーボード：11＋Enter キー

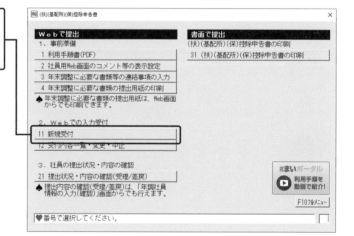

③ この画面が表示されます。

「受付内容」で、Web入力してもらう申告書にチェックをつけます。

「受付期間」で、Web入力してもらう期間を指定します。

上記以外についても必要に応じて設定し、「OK」をクリックします。

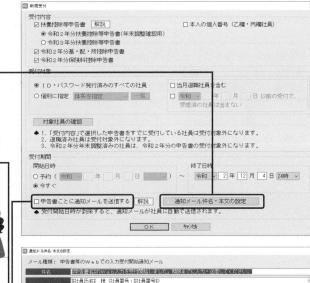

ここもチェック！ 「Web入力お願い」の通知メールの修正について

① 通知されるメールの件名や本文を変えたい場合は、ここをクリックします。

② この画面が表示されます。

必要な項目を入力します。

半角カタカナは、全角カタカナに置き換わるよ。また、特殊文字、環境依存文字の利用は避けてくださいね。

③「□申告書ごとに通知メールを送信する」のチェックを外すと、メールを1通にまとめて送信できます。

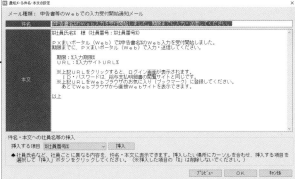

11 Webで入力された申告書等を取り込むには（PXまいポータル利用）

ここでは、「PXまいポータル」を利用して、社員にWeb入力してもらった「扶養控除等申告書」等をPX2に取り込む方法について解説します。

❶ [年末調整]タブを選択し、ここをクリックします。

キーボード：11＋Enterキー

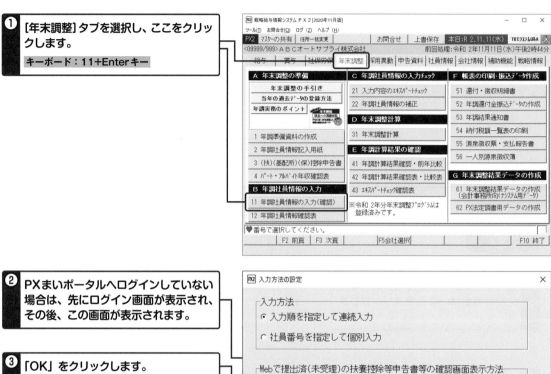

❷ PXまいポータルへログインしていない場合は、先にログイン画面が表示され、その後、この画面が表示されます。

❸ 「OK」をクリックします。

❹ この画面が表示されます。

入力順を指定し、入力を開始する社員を選択して「OK」をクリックします。

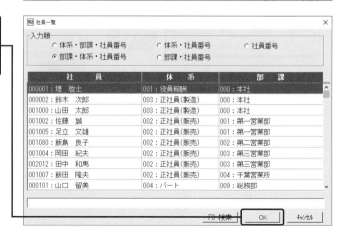

①前述の②で、「Webで提出済（未受理）の扶養控除等申告書等の確認画面表示方法」について、「年調社員情報の入力画面上部のボタンから表示」と設定した場合は、「年調社員情報の入力」画面上部のボタンから、申告書の内容を確認し、「受理」（「補正」）または「差し戻し」をします。

②受理した後は、各タブについて内容を確認（修正）します。

確認画面の表示方法を変更できる

「Webで提出済（未受理）の扶養控除等申告書等の確認画面表示方法」は、選択した設定により、次のとおり動作が変わります。

(1)「年調社員情報の入力画面を表示した際に自動表示」

まだ申告書を受理していない社員の場合、年調社員情報の入力画面で社員を切り替えた際、申告書の内容の確認・受理画面が表示されます。

(2)「年調社員情報の入力画面上部のボタンから表示」

「年調社員情報の入力画面」上部のボタンから、申告書の内容の確認画面・受理を表示できます。

当ボタンは、社員が提出済みの場合に選択できます。

申告書を受け付けていない社員については、ボタンは表示されません。

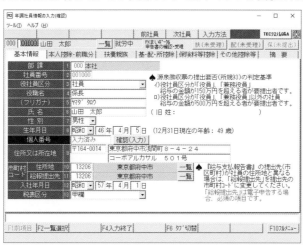

VII 労働保険料の申告

VIII 年末調整の手続き

IX 自社情報・社員情報の確認・登録の方法

X 戦略情報

XI その他の機能

XII 「TKCシステムまいサポート」（ヘルプデスク）とは

**ここも
チェック!**

すべての社員がWeb入力の場合はこちらが便利

　すべての社員を対象に、「扶養控除等申告書」をWebで入力している場合は、「3（扶）（基配所）（保）控除申告書」の「21 提出状況・内容の確認（受理／差戻）」で提出状況や提出内容を確認したり、受理もしくは差し戻しをしたりすると効率的です。

❶ **[年末調整] タブを選択し、ここをクリックします。**
　　キーボード：3＋Enterキー

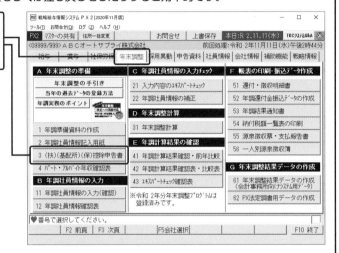

❷ **この画面が表示されます。ここをクリックします。**
　　キーボード：21＋Enterキー

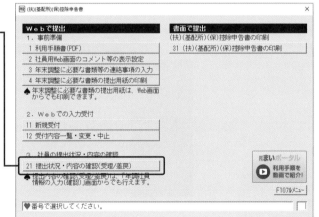

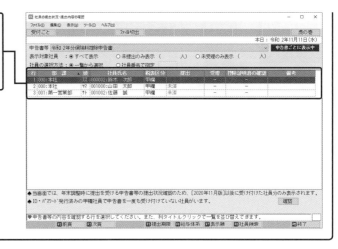

③ **この画面が表示されます。**

社員ごとの提出状況を確認できます。

また、ドリルダウンで各社員の受理／差し戻しを行えます。

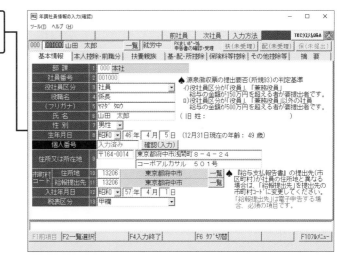

⑤ **一覧で選択した社員の入力画面が表示されます。**

画面だけで確認するものがある

次の項目は申告書から取り込んだ内容に含まれません。PX2等の画面で確認（修正）します。

- ●**[基本情報]タブ** ：役社員区分、役職名、入社年月日、税表区分
- ●**[本人控除・前職分]タブ**：年調対象区分、源泉徴収票の表示欄、前職分に関するすべての項目
- ●**[保険料等控除]タブ** ：（特定増改築等）住宅借入金等特別控除
- ●**[その他控除等] タブ** ：すべての項目
- ●**[摘要]タブ** ：住民税の徴収方法、青色事業専従者の該当区分、普通徴収への切替理由

VII 労働保険料の申告
VIII 年末調整の手続き
IX 自社情報・社員情報の確認・登録の方法
X 戦略情報
XI その他の機能
XII 「TKCシステムまいサポート」（ヘルプデスク）とは

プロからの実務上のアドバイス

● まずは社員や配偶者を含む家族の情報の確認を

まずは社員と配偶者を含む家族の情報を確認しましょう。そのため、申告書は「扶養控除等申告書」→「基礎控除・配偶者控除等・所得金額調整控除申告書」の順で受理しましょう。

プロからの実務上のアドバイス

● 年末調整計算の前に揃えるもの

次の申告書は、年末調整計算する前までに受理しましょう。
① 当年の「扶養控除等申告書」（年末調整確認用）
② 当年の「基礎控除・配偶者控除等・所得金額調整控除申告書」
③ 当年の「保険料控除申告書」

■「扶養控除等申告書」を確認するには

269頁の「ここもチェック！」の画面で、画面上部にある「扶（未提出）」ボタンをクリックし、「扶養控除等申告書」の内容を確認します。

❶ **社員が本人の個人番号を入力していた場合、最初に、社員本人の個人番号確認画面が表示されます。**

社員が個人番号カードの画像を添付していた場合は、画像も表示されますので、番号確認を行います。

また、当画面では、配偶者の個人番号も確認できます。

国民年金第3号被保険者で、個人番号の確認が必要な場合は、本人の個人番号とあわせて確認します。

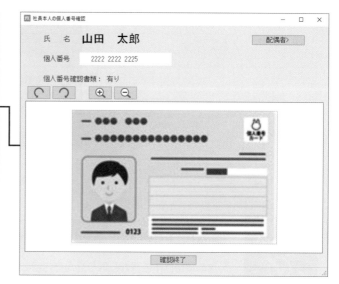

VII 労働保険料の申告

VIII 年末調整の手続き

IX 自社情報の確認・登録の方法 社員情報の

X 戦略情報

XI その他の機能

XII 「TKCシステムまいサポート」（ヘルプデスク）とは

❷ **[異動内容の確認]タブでは、社員が申告した内容とPX2の社員情報を比較して確認できます。**

異動（相違）がある項目は、背景色が黄色で表示されます。

画面上部の「社員別メモ」ボタンから、当社員についてメモを入力できます。社員別メモは、受理しても削除されず翌年に引き継がれます。毎年注意すべき事項等がある場合は、その内容を入力しておきます。

❸ **上記②の画面上部にある「修正」ボタンをクリックすると、この補正画面が表示されます。**

補正画面は、前の画面の選択中の項目に応じて、社員、家族1人ずつ、障害者控除等の適用区分、障害等の内容ごとに表示されます。

提出された申告書で、誤字脱字等がある場合に、当画面で補正して取り込むことができます。

❹ **[申告書様式で申告内容を確認]タブでは申告書の様式で確認できます。**

❺ **その他添付ファイルがある場合、「その他添付ファイル確認」ボタンが有効です。**

その他添付ファイルは、一度パソコンに保存して確認します。その他添付ファイルを会社で保存しておく場合は、「受理」までに、「その他添付ファイル確認」からファイルを保存しておきます。

❻ **内容を確認し、「受理」または「差し戻し」ボタンをクリックします。**

●「受理」した場合の処理

申告書の内容を、PX2等に取り込みます。なお、個人番号は、TKCデータセンター（TISC）に保管されます。

●「差し戻し」した場合の処理

差し戻し理由を入力する画面が表示されます。差し戻し理由を入力して「送信」ボタンをクリックすると、社員にメールが送信されます。

VII 労働保険料の申告

VIII 年末調整の手続き

IX 自社情報・社員情報の確認・登録の方法

X 戦略情報

XI その他の機能

XII 「TKCシステムまいサポート」（ヘルプデスク）とは

■「保険料控除申告書」「基礎控除・配偶者控除等・所得金額調整控除申告書」を確認するには

❶ [申告内容の確認・控除証明書との突合] タブでは、生命保険料控除、地震保険料控除等の別に社員の申告内容を確認できます。

別途書面で提出された「保険料控除証明書」の内容を確認します。証明書の確認が済んだ保険契約等について、「証明書確認済」欄にチェックを付けておくと、確認が済んでいない分を後で把握できます。

※チェックが付いていない場合でも受理は行えます。

従業員が、電子データを読み込んで提出した「保険料控除証明書」については、「証明書確認済」欄に「読込済」と表示されます。

❷ 「保険料控除申告書」は給与担当者が補正できます。

上記❶の画面上部にある「追加」「修正」「削除」ボタンをクリックすると、左の画面が表示されます。

提出された「保険料控除申告書」について補正を要する場合、当画面で補正して取り込めます。

ただし、電子データを読み込んだ保険料控除データについては、修正できません。

補正を要する場合、画面上部の［追加］ボタンから正しい保険料控除情報を追加入力した後、［削除］ボタンから読み込んだ保険料控除データを削除します。

プロからの実務上のアドバイス

● 「基礎控除・配偶者控除等・所得金額調整控除申告書」を訂正できるのは本人だけ

　給与担当者では「基礎控除・配偶者控除等・所得金額調整控除申告書」は補正できません。差し戻して、申告者本人に訂正してもらい、再提出してもらいましょう。

プロからの実務上のアドバイス

● **補正した場合の注意点**

ここでは、補正した場合の注意点をピックアップします。

①補正した後は、必ず受理してください。差し戻しはできません。

②補正した内容は、受理時に社員へメールで通知されます。

③補正して受理した後は、追加で補正できません。

この場合は、追加の補正が必要な申告書について、新たに受付をしてください。

④申告書を補正すると、「F7補正確認」ボタンが表示されます。
当ボタンから補正した内容を確認できます。

---

③ [申告書様式で申告内容を確認] タブでは、申告書の様式で確認できます。

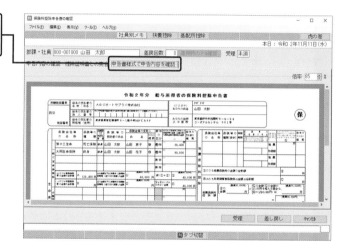

④ 内容を確認し、「受理」または「差し戻し」ボタンをクリックします。

● **「受理」した場合の処理**

申告書の内容を、PX2等に取り込みます。

なお、個人番号は、TKCデータセンター (TISC) に保管されます。

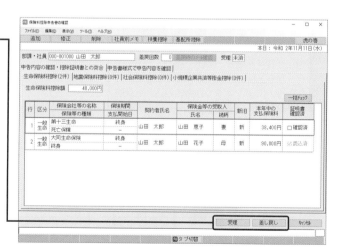

●「差し戻し」した場合の処理

差し戻し理由を入力する画面が表示されます。差し戻し理由を入力して「送信」ボタンをクリックすると、社員にメールが送信されます。

プロからの実務上のアドバイス

●Web入力を受理できないケース

次のいずれかにあてはまる人はWeb入力の受理はできません。

① 「受理」時に退職済みの社員（受付処理時に退職していなかった社員）

② 「税表区分」が「甲欄」以外の社員

Ⅶ 労働保険料の申告

Ⅷ 年末調整の手続き

Ⅸ 自社情報・社員情報の確認・登録の方法

Ⅹ 戦略情報

Ⅺ その他の機能

Ⅻ 「TKCシステムまいサポート」（ヘルプデスク）とは

IX

自社情報・社員情報の
確認・登録の方法

IX

1 基本情報

　ここでは、基本情報の確認方法と、必要に応じてその情報を変更する方法を解説します。

プロからの実務上のアドバイス

●修正するタイミングに注意
　［会社情報］タブの情報のなかには、給与・賞与の計算に影響する項目があるため、修正するタイミングに気をつけましょう。次回の給与・賞与に反映する修正は、今回（処理中）の給与・賞与の支給日の翌日以降に行います。なお、今回（処理中）の給与・賞与に反映する場合は、修正後、給与・賞与を再計算する必要があります。

■ 基本情報の確認・修正の手順

❶ ［会社情報］タブを選択し、ここをクリックします。

キーボード：1＋Enterキー

❷ 実際の運用に合わせて、必要に応じて各タブから情報を修正します。

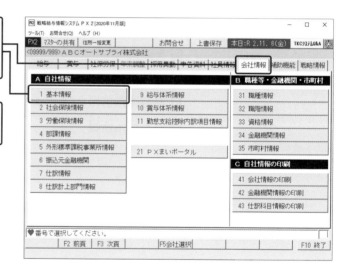

VII 労働保険料の申告

VIII 年末調整の手続き

IX 自社情報・社員情報の確認・登録の方法

X 戦略情報

XI その他の機能

XII 「TKCシステムまいサポート」（ヘルプデスク）とは

■［自社基本情報］タブの項目

　［自社基本情報］タブでは、商号、代表者、本店所在地を入力します。

　入力した内容は、「源泉徴収票」「給与支払報告書」等の税務署、市区町村へ提出する帳表、社会保険の届出等に印刷されます。

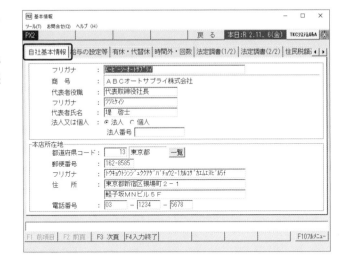

■［給与の設定等］タブの項目

　［給与の設定等］タブでは、就業規則の変更等があった場合など、必要に応じて「給与・賞与」や「定年退職年齢」などのの項目を変更してください。

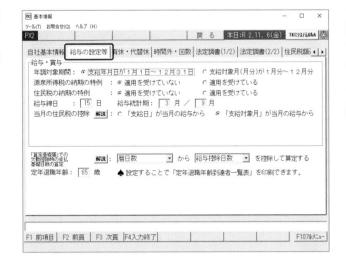

■[有休・代替休] タブの項目

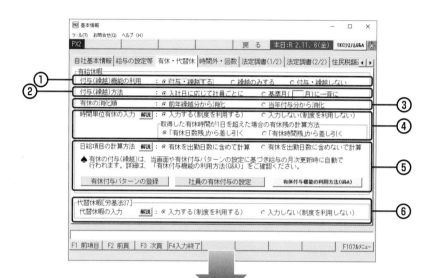

① 付与（繰越）機能の利用（有給休暇）

年次有給休暇の付与機能を利用する場合、「付与・繰越する」にチェックを付けます。

有休付与機能の利用にあたっては、有休付与パターンの登録と、社員の有休付与の設定が必要です。詳細は、当画面の「有休付与機能の利用マニュアル」を参照してください。

「繰越のみする」を選択した場合、基準月を入力します。給与処理月が入力した基準月になった際、有休残の繰り越し（前年分は消去、当年分は前年分に複写）が行われます。当年分は別途入力します。

有休残の管理を行わない場合、または手入力する場合、「付与・繰越しない」を選択します。

② 付与（繰越）方法（有給休暇）

貴社の規程に基づいて選択します。

「入社日に応じて社員ごとに」は、有休付与機能を利用する場合に選択できます。

③ 有休の消化順（有給休暇）

貴社の規程に基づいて選択します。

④ 時間単位有休の入力（有給休暇）

貴社の規程に基づいて選択します。

⑤ 日給項目の計算方法（有給休暇）

貴社の規程に基づいて選択します。

⑥ 代替休暇（労基法37）

貴社の規程に基づいて選択します。

VII 労働保険料の申告

VIII 年末調整の手続き

IX 自社情報・社員情報の確認・登録の方法

X 戦略情報

XI その他の機能

XII 「TKCシステムまいサポート」（ヘルプデスク）とは

■ [時間外・回数] タブの項目

給与規程の変更等があった場合に、必要に応じて変更してます。

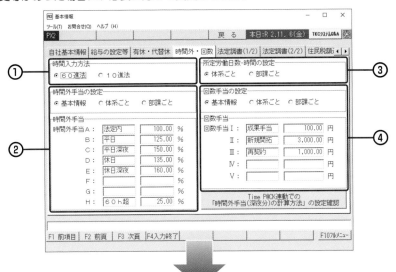

① 時間入力方法

勤怠項目の時間の入力方法を指定します。

例えば、1時間15分を入力する場合、60進法では、「1.15」と入力します。10進法では「1.25」と入力します。60進法では1分〜59分まで細かく入力できますが、10進法では小数点第2位までで割り切れる分のみ入力できます。

② 時間外手当の設定・時間外手当

時間外手当の名称、割増率が変更となった場合、変更します。割増率の設定方法は、全社で1つ（当画面の設定）、体系ごとに、部課ごとのいずれかを選択できます。体系ごとまたは部課ごとに設定する場合、体系情報または部課情報で割増率を設定してください。

③ 所定労働日数・時間の設定

所定労働日数・時間の設定方法は、部課ごと、体系ごとのいずれかを選択できます。

④ 回数手当の設定・回数手当

回数手当は、「回数×単価」で支給額が決まる支給項目がある場合に使用します。毎月の勤怠データとして回数を入力すると、当タブで入力した単価を乗じて支給額が計算されます。

名称・単価の設定方法は、全社で1つ（当画面の設定）、部課ごと、体系ごとのいずれかを選択できます。体系ごとまたは部課ごとにする場合、体系情報または部課情報で名称と単価を設定してください。

部課情報→290頁

体系情報→296頁

■ [法定調書1/2] タブおよび [法定調書2/2] タブの項目

法定調書の情報を変更する際には、TKC会計事務所にご相談ください。

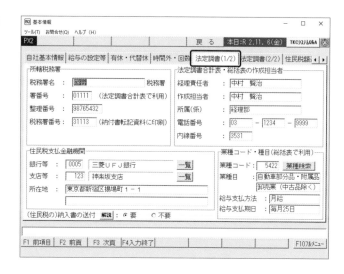

■ [住民税額通知] タブの項目

変更にあたっては、TKC会計事務所にご相談ください。

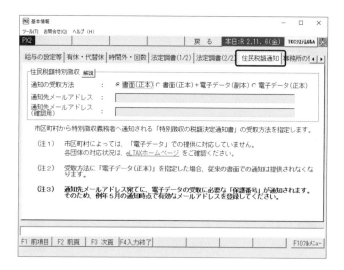

■ [事務所の情報] タブの項目

参考表示です。

ここでは、社会保険情報の確認方法と、必要に応じて、その情報を変更する場合の方法を解説します。

VII 労働保険料の申告

VIII 年末調整の手続き

IX 自社情報・社員情報の確認・登録の方法

X 戦略情報

XI その他の機能

XII 「TKCシステムまいサポート」（ヘルプデスク）とは

プロからの実務上のアドバイス

● **健康保険組合の場合は自分で保険料率の変更を**

PX2では、いわゆる協会けんぽの健康保険料率、厚生年金保険料率は、自動で更新されます。そのため、協会けんぽの場合、社会保険情報は、基本的に変更する必要はありません。

健康保険組合の健康保険料率、厚生年金基金掛率は自動で更新されませんので、組合、基金からの通知に基づいて、保険料率を変更する必要があります。

■ 基本情報の確認・修正の手順

① [会社情報] タブに切り替え、ここをクリックします。

キーボード：2＋Enterキー

② 実際の運用に合わせて、必要に応じて各タブから情報を修正します。

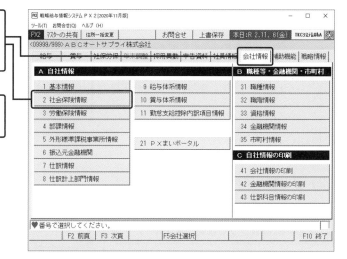

プロからの実務上のアドバイス

● **事業所ごとに保険料率を設定できる場合がある**

事業所ごとに協会けんぽの健康保険に加入している場合、PX2では事業所を部課として登録することで、部課ごとに加入・非加入、記号・番号、都道府県コードと都道府県コードに応じた健康保険料率を設定できます。

■ 変更が必要な項目について

　「健康保険種類」が「全国健康保険協会管掌健康保険」の場合、健康保険料率は［会社情報］タブの「1 基本情報」の都道府県コードに応じた都道府県別保険料率が自動で更新されます。

　本項では、健康保険組合、基金等からの通知に基づいて直接変更する必要がある主な項目について、解説します。

（1）健康保険組合の場合の保険料率

❶ ［健康保険］タブで変更します。

❷ 健康保険料率の内訳を入力した場合、給与支払明細、支給控除一覧表、一人別賃金台帳に、健康保険料と併せて内訳の金額が印刷されます。

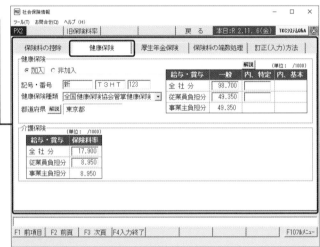

（2）子ども・子育て拠出金率

［厚生年金保険］タブで変更します。

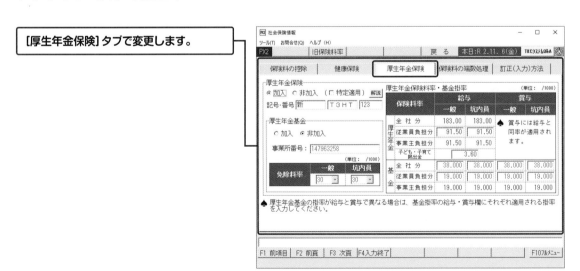

（3）厚生年金基金掛率

[厚生年金保険] タブで変更します。

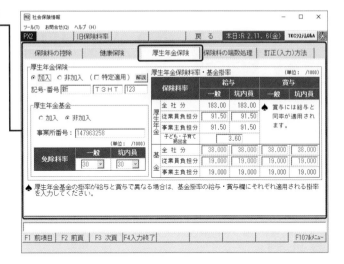

VII 労働保険料の申告

VIII 年末調整の手続き

IX 自社情報・社員情報の確認・登録の方法

X 戦略情報

XI その他の機能

XII 「TKCシステムまいサポート」（ヘルプデスク）とは

3 労働保険情報

ここでは、労働保険情報の確認方法と、必要に応じて、その情報を変更する場合の方法を解説します。

プロからの実務上のアドバイス

●**労災保険料率は自分で変更する**

PX2では、雇用保険料率は、自動で更新されるため、基本的に変更する必要はありません。

労災保険料率は自動で更新されませんので、労災保険料率の通知に基づいて、保険料率を変更する必要があります。

■ 基本情報の確認・修正の手順

① [会社情報] タブを選択し、ここをクリックします。
キーボード：3＋Enter キー

② 実際の運用に合わせて、必要に応じて各タブから情報を修正します。

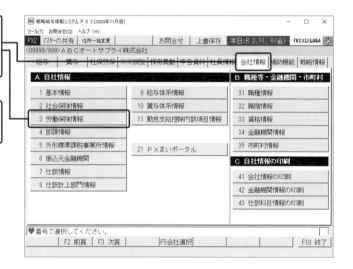

プロからの実務上のアドバイス

●**事業所ごとに保険料率を設定できる場合がある**

事業所ごとに労働保険に加入している場合、PX2では事業所を部課として登録することで、部課ごとに労働保険情報を設定できます。

■ 変更が必要な項目について

雇用保険料率は自動で更新されます。

本項では、労災保険料率の通知等に基づいて直接変更する必要がある主な項目について、解説します。

（1）労災保険料率

ここを変更します。

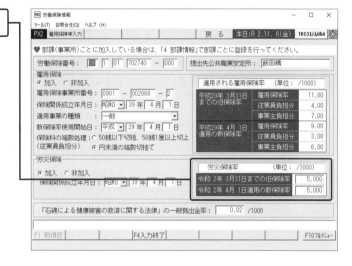

（2）「石綿による健康被害の救済に関する法律」の一般拠出金率

ここを変更します。

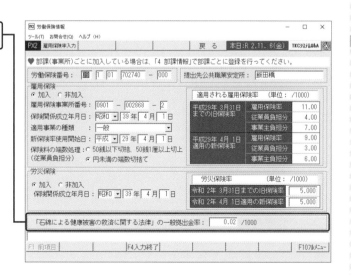

Ⅶ 労働保険料の申告

Ⅷ 年末調整の手続き

Ⅸ 自社情報・社員情報の確認・登録の方法

Ⅹ 戦略情報

Ⅺ その他の機能

Ⅻ 「TKCシステムまいサポート」（ヘルプデスク）とは

ここでは、部課情報の確認方法と、部課ごとに設定できる項目を解説します。

■ 部課情報の確認・修正の手順

❶ [会社情報]タブを選択し、ここをクリックします。

キーボード：4＋Enterキー

❷ 実際の運用に合わせて、必要に応じて各タブから情報を修正します。

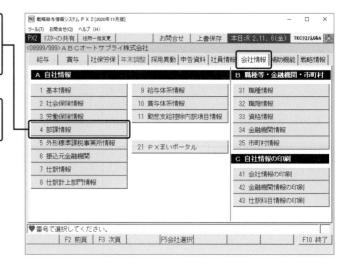

VII 労働保険料の申告

VIII 年末調整の手続き

IX 自社情報・社員情報の確認・登録の方法

X 戦略情報

XI その他の機能

XII 「TKCシステムまいサポート」（ヘルプデスク）とは

■ 部課情報の項目について

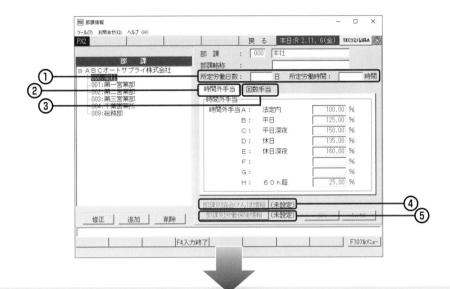

---

① 所定労働日数・所定労働時間

会社情報で所定労働日数・時間の設定を「部課ごと」としている場合、当画面で入力します。所属する社員の所定労働日数・時間は、当画面の内容を参照します。

会社情報の所定労働日数・時間の設定→283頁

② 時間外手当

会社情報で時間外手当の設定を「部課ごと」としている場合、当画面で入力します。所属する社員の時間外手当割増率は、当画面の内容を参照します。

会社情報の時間外手当の設定→283頁

③ 回数手当

会社情報で回数手当の設定を「部課ごと」としている場合、当画面で入力します。所属する社員の回数手当の名称・単価は、当画面の内容を参照します。

会社情報の回数手当の設定→283頁

④ 部課別協会けんぽ情報

事業所ごとに協会けんぽの健康保険に加入している場合、事業所を部課として登録し、部課ごとに加入・非加入、記号・番号、都道府県コードと都道府県コードに応じた健康保険料率を設定できます。

⑤ 部課別労働保険情報

事業所ごとに労働保険に加入している場合、事業所を部課として登録し、部課ごとに労働保険情報を設定できます。

　ここの解説は、振込元金融機関の確認方法と、インターネット・バンキング（IB）を利用して振り込みを行うために必要な情報です。なお、一部の項目は、金融機関情報で登録しますので、あわせて解説します。

プロからの実務上のアドバイス

●まずは金融機関の登録から

　金融機関コード、支店コード、預金種目、口座番号などの登録を行います。

　インターネット・バンキング（IB）で給与振込、住民税納付依頼を行う場合、金融機関情報で別途フォーマット情報を登録します。

■ 振込元金融機関の確認・修正の手順

❶ ［会社情報］タブを選択し、ここをクリックします。

　　キーボード：6＋Enterキー

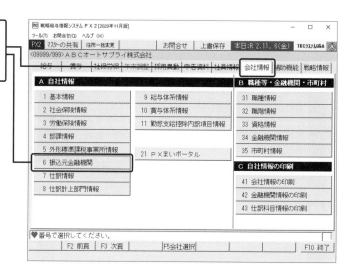

VII 労働保険料の申告
VIII 年末調整の手続き
IX 自社情報・社員情報の確認・登録の方法
X 戦略情報
XI その他の機能
XII 「TKCシステムまいサポート」（ヘルプデスク）とは

■ 金融機関情報の確認・修正の手順

❶ [会社情報] タブを選択し、ここをクリックします。

キーボード：34＋Enterキー

❷ 金融機関情報では、インターネット・バンキング（IB）に取り込むデータのフォーマット情報を登録します。

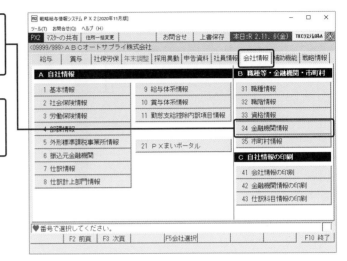

■ 給与振込データフォーマット情報の確認・修正の手順

インターネット・バンキング（IB）で読み込むことができる給与振込データを作成する場合に設定します。

（1）給与振込フォーマット情報（金融機関情報）

設定内容は、各金融機関にお問合せください。

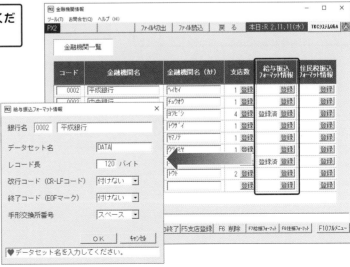

（2）会社コード（振込元金融機関）

金融機関から通知されたコードを入力します。

※会社コードは、振込依頼人のコードのことであり、金融機関によって、委託者コード、企業コード、依頼人コードと呼ばれています。

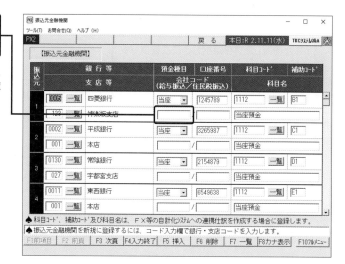

■ 住民税の納付依頼データフォーマット情報

インターネット・バンキング（IB）で読み込むことができる社員の住民税振込データを作成する場合に設定します。

（1）住民税振込フォーマット情報（金融機関情報）

設定内容は、各金融機関にお問合せください。

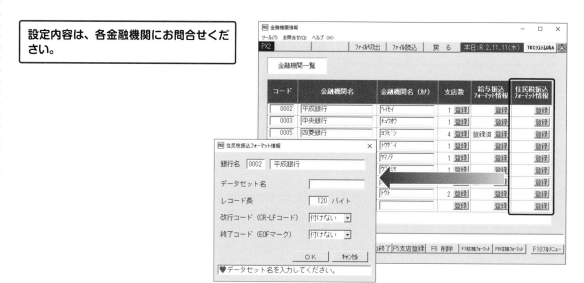

（2）会社コード（振込元金融機関）

金融機関から通知されたコードを入力します。

※会社コードは、振込依頼人のコードのことであり、金融機関によって、委託者コード、企業コード、依頼人コードと呼ばれています。

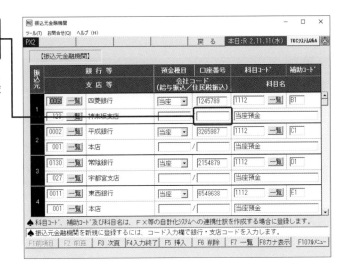

Ⅶ 労働保険料の申告

Ⅷ 年末調整の手続き

Ⅸ 自社情報・社員情報の確認・登録の方法

Ⅹ 戦略情報

Ⅺ その他の機能

Ⅻ 「TKCシステムまいサポート」（ヘルプデスク）とは

6 給与体系情報

ここでは、給与体系情報の確認方法と、必要に応じて、その情報を変更する方法を解説します。

（1）給与体系情報を修正するには

❶ ［会社情報］タブを選択し、ここをクリックします。

キーボード：9＋Enterキー

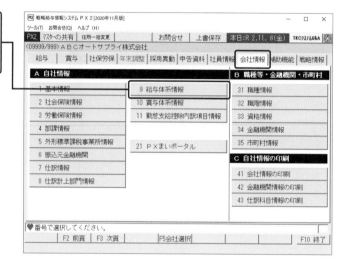

❷ 注意メッセージが表示されますので、内容を確認し、「OK」ボタンをクリックします。

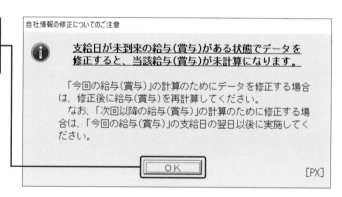

③ 修正する給与体系をダブルクリックすると、修正できるようになります。

④ 修正が終わったら、「F4入力終了」ボタンをクリックします。

（2）勤怠項目名・項目属性を変更するには

① 修正する給与体系をダブルクリックし、「勤怠支給控除項目の設定へ」ボタンをクリックします。

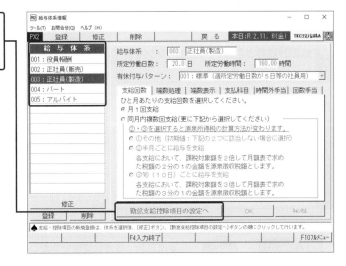

VII 労働保険料の申告

VIII 年末調整の手続き

IX 自社情報・社員情報の確認・登録の方法

X 戦略情報

XI その他の機能

XII 「TKCシステムまいサポート」（ヘルプデスク）とは

❷ 「勤怠項目」ボタンをクリックします。

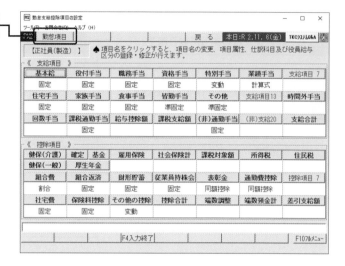

❸ 修正する勤怠項目をダブルクリックすると、修正できるようになります。

> 勤怠項目の変更→309頁

❹ 修正が終わったら、「OK」ボタンをクリックします。

❺ 「F10フルメニュー」ボタンをクリックします。

なお、給与体系情報の他の項目も修正する場合は、「戻る」ボタンをクリックします。①の画面で「OK」ボタンをクリックすると、修正内容が確定します。

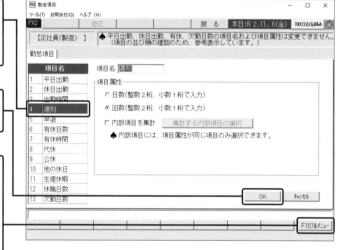

プロからの
実務上の
アドバイス

●項目名・属性を変更できないものがある①
　平日出勤、休日出勤などPX2で計算に使用している一部の項目は、項目名・属性は変更できません。

VII 労働保険料の申告

VIII 年末調整の手続き

IX 自社情報・社員情報の確認・登録の方法

X 戦略情報

XI その他の機能

XII 「TKCシステムまいサポート」（ヘルプデスク）とは

（3）支給・控除項目名・項目属性を変更するには

❶ 修正する給与体系をダブルクリックし、「勤怠支給控除項目の設定へ」ボタンをクリックします。

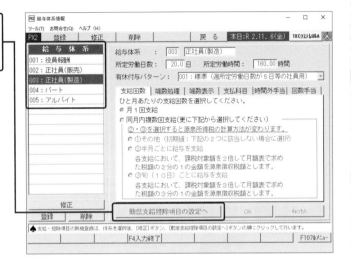

❷ 修正する支給控除項目名をクリックします。

なお、項目属性が表示されていない支給控除項目は、未利用の項目です。使用する場合も、項目名をクリックします。

③ **項目名、項目属性を修正します。**
修正が完了したら、「OK」ボタンをクリックします。

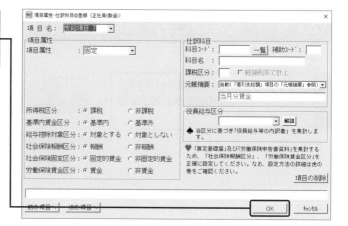

プロからの実務上のアドバイス

● **項目名、属性を変更できないものがある②**
「課税通勤手当」「非課税通勤手当」「支給合計」「健保（一般）」等、一部の項目は、項目名・属性は変更できません。
支給控除項目には、源泉所得税や仕訳に関する設定が必要なので、支給控除項目を追加・修正する場合は、TKC会計事務所にお問合せください。

（4）給与体系を追加するには

① **[会社情報] タブを選択し、ここをクリックします。**
キーボード：9＋Enterキー

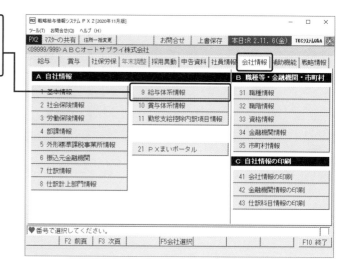

VII 労働保険料の申告

VIII 年末調整の手続き

IX 自社情報・社員情報の確認・登録の方法

X 戦略情報

XI その他の機能

XII 「TKCシステムまいサポート（ヘルプデスク）とは

②「登録」ボタンをクリックします。

③ コードと体系名を入力し、「次へ」ボタンをクリックします。

④「登録済み体系から複写」を選択し、「一覧」ボタンから、体系情報が似ている登録済みの体系を選択します。

⑤「完了」ボタンをクリックします。

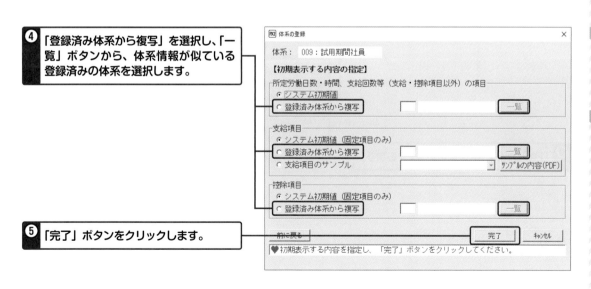

※ここでは、「登録済み体系から複写」する方法を解説しています。

⑥ **FXシリーズへ仕訳データを連動する設定の場合、仕訳科目の設定が必要です。**

「登録済み体系から複写」を選択し、「一覧」ボタンから、体系情報が似ている登録済みの体系を選択します。

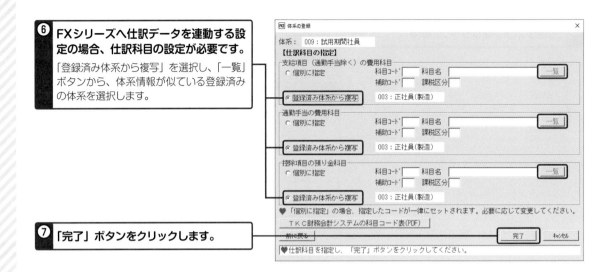

⑦ **「完了」ボタンをクリックします。**

※ここでは、「登録済み体系から複写」する方法を解説しています。

⑧ **必要に応じて、勤怠項目名、支給控除項目を修正します。**

勤怠項目名の修正→297頁

支給控除項目の修正→299頁

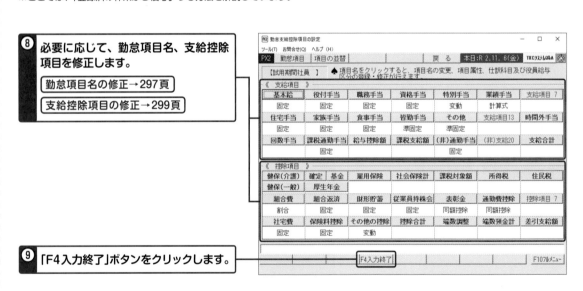

⑨ **「F4入力終了」ボタンをクリックします。**

⑩ **必要に応じて、所定労働日数・時間、支給回数等の情報を修正します。**

修正が終わったら、「F4入力終了」ボタンをクリックします。これで登録が完了します。

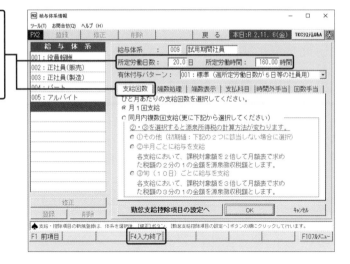

プロからの実務上のアドバイス

● **給与体系の追加は会計事務所に確認しよう**

給与体系情報には、源泉所得税や仕訳に関する設定が必要なので、給与体系を追加する場合は、TKC会計事務所にお問合せください。

Ⅶ 労働保険料の申告

Ⅷ 年末調整の手続き

Ⅸ 自社情報・社員情報の確認・登録の方法

Ⅹ 戦略情報

ⅩⅠ その他の機能

ⅩⅡ 「TKCシステムまいサポート」（ヘルプデスク）とは

（5）給与体系情報の変更・確認をするには

■ 所定労働日数・時間等

① 所定労働日数・所定労働時間

会社情報で所定労働日数・時間の設定を「体系ごと」としている場合、当画面で入力します。所属する社員の所定労働日数・時間は、当画面の内容を参照します。

会社情報の所定労働日数・時間の設定→283頁

② 有休付与パターン

年次有給休暇の付与機能で、有休付与パターンの設定を「体系ごと」としている場合、当画面で選択します。所属する社員の有休付与パターンは、当画面の内容を参照します。

VII 労働保険料の申告

VIII 年末調整の手続き

IX 自社情報・社員情報の確認・登録の方法

X 戦略情報

XI その他の機能

XII 「TKCシステムまいサポート」(ヘルプデスク)とは

■ [支給回数] タブの項目

[支給回数] タブは、源泉所得税の計算に影響しますので、変更または給与体系を新たに登録する場合は、TKC会計事務所にご相談ください。

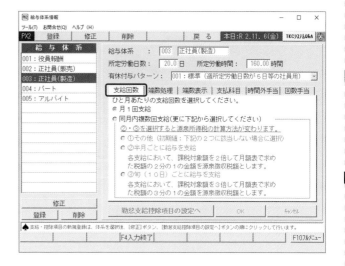

■ ［端数処理］タブの項目

必要に応じて、変更します。

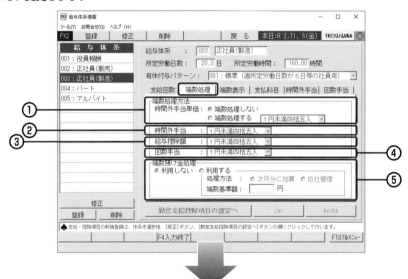

---

① 時間外手当単価（端数処理方法）

時間外手当単価（下記計算式の「基準内賃金計÷所定労働日数」）の端数処理方法を指定します。

＜時間外手当計算式（日給・時給以外）＞

時間外手当＝基準内賃金計÷所定労働日数×時間外手当掛率×100×時間外手当時間

---

② 時間外手当（端数処理方法）

時間外手当（上記計算式の「時間外手当」）の端数処理方法を指定します。

---

③ 給与控除額（端数処理方法）

給与控除額の端数処理方法を指定します。

＜給与控除額計算式（日給・時給以外）＞

時間外手当＝給与控除の対象となる賃金合計÷所定労働日数×給与控除日数

---

④ 回数手当（端数処理方法）

回数手当の端数処理方法を指定します。

＜回数手当計算式＞

回数手当＝回数単価×回数手当回数

※単価、回数とも小数点第2位まで入力可

---

⑤ 端数預け金処理

1円単位まで支給する場合、「利用しない」のままとします。端数預りをしている場合、「利用する」に変更し、給与の規程等に基づいて処理方法等を設定します。

VII 労働保険料の申告

VIII 年末調整の手続き

IX 自社情報・社員情報の確認・登録の方法

X 戦略情報

XI その他の機能

XII 「TKCシステムまいサポート」（ヘルプデスク）とは

■ ［端数表示］ タブの項目

必要に応じて、変更します。

比例給などの円未満の端数等の表示方法
画面上の表示例を参考に、指定します。

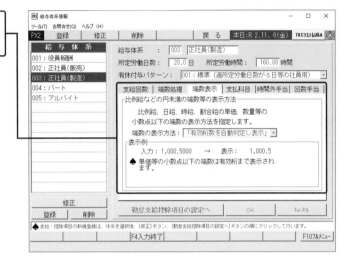

■ ［支払科目］ タブの項目

支払科目の変更にあたっては、TKC会計事務所にご相談ください。

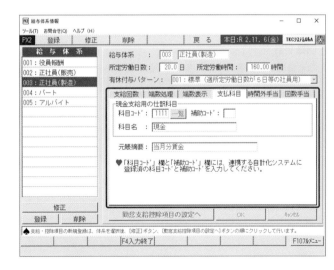

■ [時間外手当] タブの項目

必要に応じて、変更します。

時間外手当

会社情報で時間外手当の設定を「体系ごと」としている場合、当画面で入力します。所属する社員の時間外手当割増率は、当画面の内容を参照します。

会社情報の時間外手当の設定→283頁

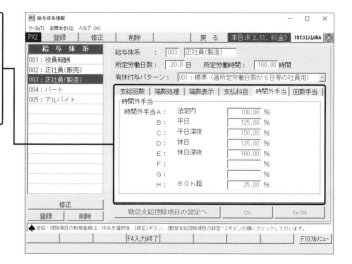

■ [回数手当] タブの項目

必要に応じて、変更します。

回数手当

会社情報で回数手当の設定を「体系ごと」としている場合、当画面で入力します。所属する社員の回数手当の名称・単価は、当画面の内容を参照します。

会社情報の回数手当の設定→283頁

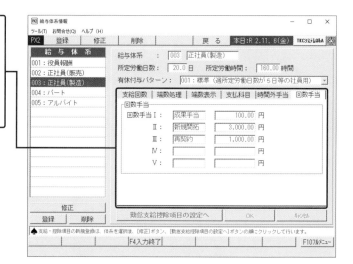

(6) 勤怠項目を変更するには

勤怠項目を変更する場合は、302頁の下の画面から、勤怠項目を選択して変更します。

 項目名

「給与支払明細書」等に印刷されます。

なお、平日出勤、休日出勤などPX2で計算に使用している一部の項目は、項目名・属性は変更できません。変更できない項目は、その旨、メッセージが表示されます。

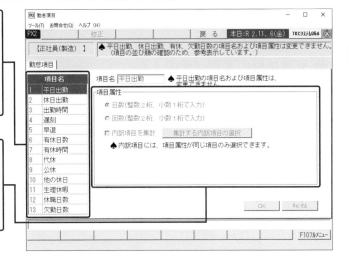

② **項目属性**

日数、回数については整数2桁、小数1桁で入力します。

時間については、整数3桁、小数2桁で入力します。

VII 労働保険料の申告

VIII 年末調整の手続き

IX 自社情報・社員情報の確認・登録の方法

X 戦略情報

XI その他の機能

XII 「TKCシステムまいサポート」（ヘルプデスク）とは

（7）支給・控除項目を変更するには

　支給・控除項目を変更する場合は、302 頁の下の画面から支給・控除項目を選択して変更します。ここでは支給項目について解説します。

■ 支給項目の変更（その１）

　必要に応じて、変更します。

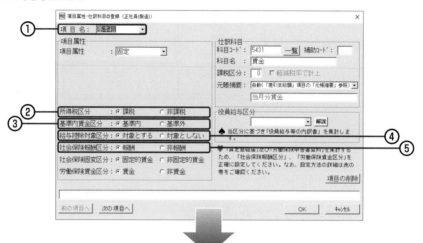

① 項目名
「給与支払明細書」等に印刷されます。

② 所得税区分
「課税」を選択すると、源泉所得税の課税対象になります。

③ 基準内賃金区分
「基準内」を選択すると、時間外手当の自動計算を行う場合の基準内賃金になります。

④ 給与控除対象区分
「対象とする」を選択すると、欠勤等により給与から控除する「給与控除日給」および「給与控除時給」の計算対象になります。

⑤ 社会保険報酬区分
「報酬」を選択すると、各月の社会保険報酬月額として「算定基礎届」や「月額変更届」に集計されます。

VII 労働保険料の申告

VIII 年末調整の手続き

IX 自社情報・社員情報の確認・登録の方法

X 戦略情報

XI その他の機能

XII 「TKCシステムまいサポート」（ヘルプデスク）とは

■ 支給項目の変更（その２）

必要に応じて、変更します。

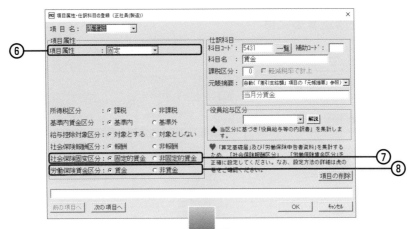

⑥ 項目属性

当設定により、給与データとして入力する内容が変わります。主に次の属性を使用します。

- ●固　定：社員情報の支給額等または給与データとして一度入力した金額が次月以降も引き継がれます。
- ●準固定：社員情報の支給額等で入力した金額が次月以降も引き継がれます。
- ●変　動：給与データの入力時に毎回入力します。
- ●比　例：次の計算式で計算した金額が支給額になります。

　　「社員情報の支給額等で入力した単価」×「給与データとして入力する回数」
- ●日　給：次の計算式で計算した金額が支給額になります。

　　「社員情報の支給額等で入力した日給単価」×「給与データとして入力する日数」
- ●時　給：次の計算式で計算した金額が支給額になります。

　　「社員情報の支給額等で入力した時給単価」×「給与データとして入力する時間」
- ●計算式：勤怠支給控除項目と四則演算子を組み合わせ、計算式を自由に設定できます。

社員情報の支給額等→100頁

⑦ 社会保険固変区分

PX2では、固定的賃金計に変動があった場合は、過去3か月間の平均月額報酬を求め、当該社員が月額変更届の対象となるかどうかをチェックします。

「固定的賃金」を選択すると、各月の社会保険の固定的賃金計に加算されます。

⑧ 労働保険賃金区分

「賃金」を選択すると、当該支給項目は、労働保険賃金計に加算されます。

労働保険賃金計は雇用保険料の算定基礎となるほか、概算・確定労働保険料を申告する際の算定基礎になります。

仕訳科目、役員給与区分については、TKC会計事務所に確認してね。

7 賞与体系情報

ここでは、賞与体系情報の確認方法と、必要に応じて、その情報を変更する方法を解説します。

■ 賞与体系情報を修正するには

❶ [会社情報] タブを選択し、ここをクリックします。

キーボード：10＋Enterキー

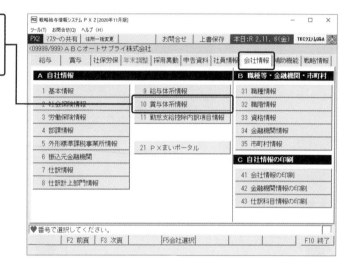

❷ 注意メッセージが表示されますので、内容を確認し、「OK」ボタンをクリックします。

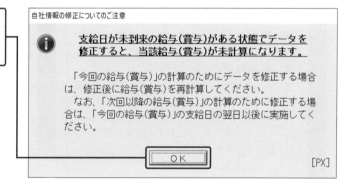

③ 修正する賞与体系をダブルクリックすると、修正できるようになります。

④ 修正が終わったら、「F4入力終了」ボタンをクリックします。

※賞与体系情報の項目、体系の追加方法は、給与体系の場合とほぼ同じです。

プロからの実務上のアドバイス

● **賞与体系の追加・修正も会計事務所に確認しよう**

賞与体系情報も給与体系情報と同様に、源泉所得税や仕訳に関する設定が必要なので、支給控除項目を追加・修正する場合は、TKC会計事務所にお問合せください。

VII 労働保険料の申告

VIII 年末調整の手続き

IX 自社情報・社員情報の確認・登録の方法

X 戦略情報

XI その他の機能

XII 「TKCシステムまいサポート」（ヘルプデスク）とは

X

戦略情報

プロからの実務上のアドバイス

● ［戦略情報］タブの活用のポイント

優良企業であるほど「1人当たり人件費が高く」「労働分配率が低い」という傾向があります。また、企業の持続的発展には、従業員の意欲と生産性を高める水準の賃金の支給と人件費の適正な管理が必要です。［戦略情報］タブには、人件費・労働分配率の同業他社平均値との比較など、経営者による賃金の適正な配分の決定を支援する機能があります。是非、ご活用ください。

例えば、経営者が次のようなことを決定する際にご活用いただいています。

● 優秀な人材を確保したい。当社の賃金は近隣の同業他社と比べて魅力的な水準だろうか。／従業員満足度を向上するため、同地域の同業者よりも賃金を高く設定したい。／新たに採用する従業員の賃金を決めたい。／会社の継続的な発展のため、従業員数が少ない年代の従業員を中途採用したい。 ──「17 支給総額分布・同業他社比較」

● 賞与を増やしてあげたいが、赤字になっても困るし、利益とのバランスが心配だ。 ──「11 労働分配率等の推移」

● 役職や職階と賃金水準のバランスは適正だろうか。 ──「14 支給総額順位」

● 今月の残業代はこんなに多いのか。繁忙期ではあるけれど、一体だれがこんなに残業しているのだろう。／人員配置は適正だろうか、業務量を平準化できないだろうか。 ──「15 残業時間・残業手当順位」

● 人件費が増加（減少）している原因を突き止めたい。 ──「12 1人当たり支給総額の推移」

● 部署（部課）ごとに大きな偏りはないだろうか。適切な人材配置になっているだろうか。 ──「13 部課（職階）別支給総額分布」

● 適切に有給休暇は消化されているだろうか。 ──「16 年次有給休暇の消化率」

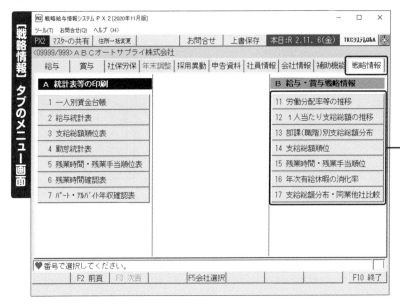

［戦略情報］タブのメニュー画面

各ボタンで確認できます

2 [戦略情報] タブの活用例

ここでは、[戦略情報] タブの「6 残業時間確認表」「17 支給総額分布・同業他社比較」の活用例についてご紹介します。

■「6 残業時間確認表」

当メニューは、労働基準法第36条を踏まえた残業時間の適切な把握、管理に役立てることができます。
「当帳表の使い方」ボタンをクリックすると、設定のしかたや帳表の見方などを確認できます。

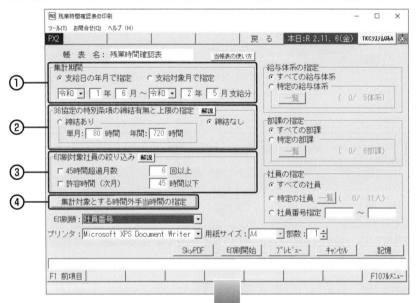

---

① 集計期間

「36協定届」で届け出た（年間の）時間外労働の起算日から給与計算済みの月を指定します。
選択肢の初期値は「支給日の年月で指定」、期間の初期値は空欄です。

② 36協定の特別条項の締結有無と上限の指定

36協定の締結の有無を指定します。また、締結している場合は、単月及び年間の時間外労働の上限時間を指定します。
選択肢の初期値は「締結なし」、「締結あり」に切り替えた場合の上限時間の初期値は、単月が 80 時間、年間が 720 時間です。

③ 印刷対象社員の絞り込み

以下の区分にチェックを付けると、条件を満たす役社員のみを絞り込んで印刷します。
1) 45 時間超過月数（回数の初期値は、「6」です。）
2) 次月の労働可能時間（時間数の初期値は、「45」です。

④「集計対象とする時間外手当時間の指定」ボタン

当ボタンをクリックして表示される画面で、集計対象とする時間外手当を指定します。

317

当メニューは、賃金の適正な配分を決定する判断材料として利用できます。

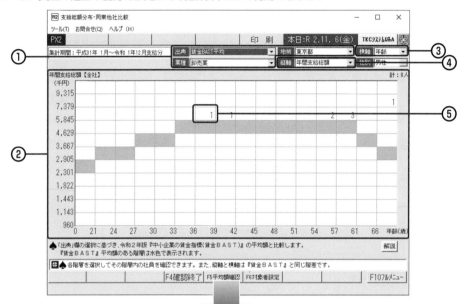

① 地域、業種を指定して、『中小企業の賃金指標』（賃金BAST）※の同じ地域、同業他社との給与水準を比較できます。
※『中小企業の賃金指標』（賃金BAST）：企業約40万社、人員約163万人のデータを分析した中小企業の賃金指標です。

② 年齢または勤続年数を軸に、支給額の分布を視覚的に確認できます。水色の階層は、『中小企業の賃金指標』（賃金BAST）の指定した地域、業種の平均額を表します。

③ 横軸の項目（年齢または勤続年数）を選択します。

④ 縦軸の項目「年間支給総額」「月例賃金」「年間賞与」を選択します。

⑤ ドリルダウン機能（ダブルクリック）により、その階層に属する社員を一覧で確認できます。さらに、社員ごとに項目別月別の支給額までドリルダウンできます。

その他の機能

XI

1 FXシリーズ（戦略財務情報システム）への仕訳連動の方法

　PX2で作成した給与・賞与の仕訳データは、FXシリーズ（戦略財務情報システム）に連動させることができます。

　なお、仕訳連動機能を利用するには、科目の設定などが必要です。TKC会計事務所にご相談ください。

　これ以降では、事前の設定を終えている前提で、仕訳連動機能の概要をご紹介します。

（1）仕訳連動の方法について

　仕訳連動については、次の2つから選択することができます。

①同一のPCで運用（HD上での連動）

②別々のパソコンで運用（USBメモリ等での連動）

（2）仕訳連動の手順を確認しよう（賞与も同じ手順）

❶ [給与]タブを選択します。

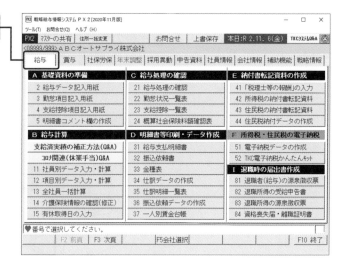

② **ここをクリックします。**

> キーボード：34＋Enterキー

③ **この画面が表示されます。仕訳を作成する・作成しないを選択し、ここをクリックします。**

④ **この画面が表示されます。仕訳の作成結果を確認します。**

1) 印刷する場合は「F5印刷」をクリックします。

2) FXシリーズ（戦略財務情報システム）へ連動する場合は、「FX連携」（Ctrl+F2）をクリックします。

Ⅶ 労働保険料の申告

Ⅷ 年末調整の手続き

Ⅸ 自社情報・社員情報の確認・登録の方法

Ⅹ 戦略情報

Ⅺ その他の機能

Ⅻ 「TKCシステムまいサポート」（ヘルプデスク）とは

プロからの
実務上の
アドバイス

● **連動する前に必ず印刷して確認しよう**

　FXシリーズへ連動したデータは、FXシリーズ側でしか補正できません。また、何度も連動すると、同じような仕訳データがFXシリーズ側に届いてしまいます。

　連動する前に、必ず印刷して確認しましょう。

プロからの
実務上の
アドバイス

● **仕訳データ作成時にエラーメッセージが表示されたら**

　仕訳科目が未登録の支給（控除）項目があると、仕訳データを作成できない旨のエラーメッセージが表示されます。特に、「42：差引支給額」項目の仕訳科目が未登録、と表示されてしまうことが多いです。

　この場合は、次のメニューで科目コードを（入力）確認してください。

　① 「現金支給用」科目コード

　　 ［会社情報］タブの「給与（賞与）体系情報」の［支払科目］タブ、もしくは「支給・控除項目の登録・修正」の「差引支給額」

　② 「銀行振込用」科目コード

　　 ［会社情報］タブの「6 振込元金融機関」

　「42：差引支給額」以外の仕訳科目が未登録、と表示された場合は、給与（賞与）体系情報の「支給・控除項目の登録・修正」で、該当する支給（控除）項目の科目コードを確認してください。

　「FX2」「FX4クラウド」「FX2クラウド」は、それぞれ仕訳のレイアウトが違いますが、会社情報の「7.仕訳情報」で「連動先システム」を選択するだけで、正しい仕訳データが連動できます。

　インターネット・バンキング（IB）を利用している場合には、3営業日までに給与の振込依頼データを送る必要があり、その日に預金から引き落とされます。仕訳連携では給与支給日に預金支払仕訳が発生しますので預金残高が合わなくなります。その場合には、実際に振り込んだ金額について「給与前払金」といった科目で処理して、PX2側においては「銀行振込用」科目コードに「給与前払金」科目を設定すれば解決します。

プロからの
実務上の
アドバイス

● **給与仕訳の二重計上に注意**

　給与振込の場合は、前払金として仕訳を処理します。財務締め日が到来したら、現金（当座預金）に振り替えて計上します。これにより、給与仕訳が二重に計上することなく処理できます。給与仕訳の二重計上に注意しましょう。

VII 労働保険料の申告

VIII 年末調整の手続き

IX 自社情報・社員情報の確認・登録の方法

X 戦略情報

XI その他の機能

XII 「TKCシステムまいサポート（ヘルプデスク）」とは

2 「一人別賃金台帳」「労働者名簿」等を印刷するには

ここでは、「一人別賃金台帳」「労働者名簿」等の印刷方法を説明します。

プロからの実務上のアドバイス

● PX2は一元管理できる人事管理システム

総務関係の書類は、目的別にいろいろな種類のファイリングがされているのを見かけます。PX2は"人事管理システム"としての側面も併せ持っていますので、社員に関係する情報は、入社から退社に至るまでを、PX2で一元管理することがメンテナンスを含めて最適だといえます。

（1）「一人別賃金台帳」を印刷するには

❶ [給与] タブを選択し、ここをクリックします。

キーボード：37 ＋ Enter キー

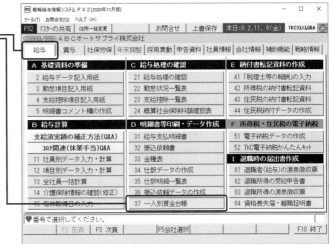

❷ この画面が表示されます。

「印刷対象年分」や「印刷対象社員」等を指定し、ここをクリックして印刷します。

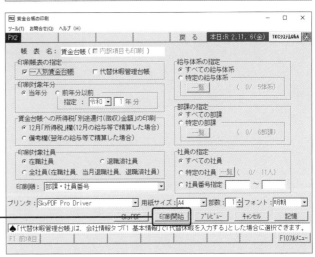

(2)「労働者名簿」を印刷するには

❶ [社員情報] タブを選択し、ここをクリックします。

キーボード：13＋Enterキー

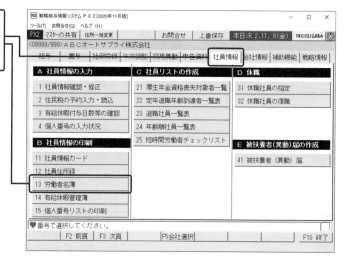

❷ この画面が表示されます。

「印刷対象社員」や「印刷内容の指定」等を指定し、ここをクリックして印刷します。

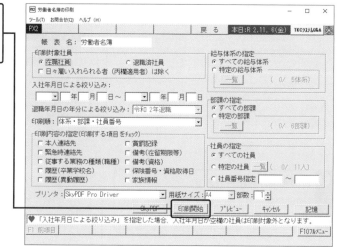

VII 労働保険料の申告

VIII 年末調整の手続き

IX 自社情報・社員情報の確認・登録の方法

X 戦略情報

XI その他の機能

XII 「TKCシステムまいサポート」（ヘルプデスク）とは

(3)「有給休暇管理簿」を印刷するには

❶ **[社員情報] タブを選択し、ここをクリックします。**

キーボード：14＋Enterキー

❷ **この画面が表示されます。**

「集計期間」や「印刷対象社員」等を指定し、ここをクリックして印刷します。

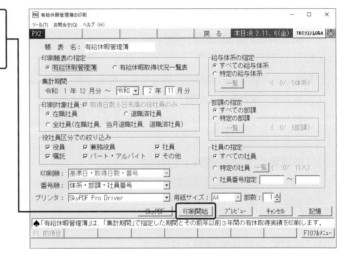

[申告資料]タブでできること

　[申告資料] タブでは、所得税や法人税の申告にあたり、給与（賞与）の実績を利用して記載する際の参考資料を印刷できます。

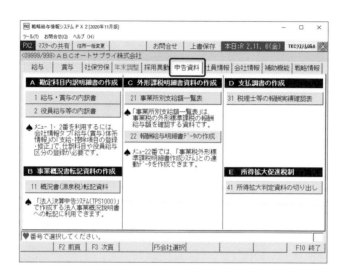

（1）「勘定科目内訳明細書」の作成

①給与・賞与の内訳書

　指定した期間における給与と賞与の累計額を社員ごとに印刷します。

②役員報酬・人件費の内訳書

　法定の様式に基づいた、「役員報酬手当等及び人件費の内訳書」を印刷できます。

（2）「事業概況書転記資料」の作成

　「法人事業概況説明書」裏面の「月別の売上高等の状況」の「源泉徴収税額」等の転記元となる資料を印刷できます。

（3）「外形課税明細書資料」の作成

　法人事業税の外形標準課税における別表5の3「報酬給与額に関する明細書」への転記元となる資料の印刷、およびデータ（CSV）の作成を行えます。

（4）「支払調書」の作成

　税理士等の報酬実績を確認できる帳表を印刷できます。

（5）所得拡大促進税制への対応

　所得拡大促進税制の判定基礎となるデータ（CSV）を切り出すことができます。

VII 労働保険料の申告

VIII 年末調整の手続き

IX 自社情報・社員情報の確認・登録の方法

X 戦略情報

XI その他の機能

XII 「TKCシステムまいサポート」（ヘルプデスク）とは

4 社員情報、支給実績データを切り出すには

社員の人事情報を活用したいときや整理したいときに、当機能を利用して切り出します。

また、社員の振込先データも切り出せるので、振込口座の確認（修正）にも活用できます。

（1）社員情報データを切り出すには

① [補助機能] タブを選択し、ここをクリックします。

キーボード：31＋Enter キー

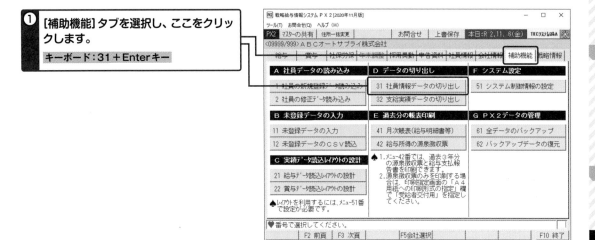

② この画面が表示されます。切り出したいデータを選択し、「OK」をクリックします。

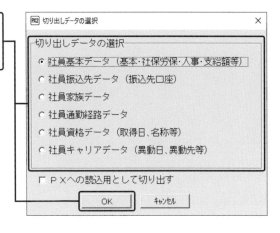

プロからの
実務上の
アドバイス

●**切り出し、登録における一工夫**

　PX2へ読み込こませることを前提でデータを切り出す場合は、「□PXへの読込用として切り出す」にチェックをつけましょう。ここでチェックを付けて切り出すと、CSVで列を追加するなどの加工をすることなく、「A　社員データの読み込み」の各メニューで社員情報をそのまま読み込めます。

　特に社員振込先データ（振込先口座）の登録は、すでに手元にある社員別の振込先情報をもとにまとめて入力すると大変便利です。インターネット・バンキング (IB) をすでに利用している場合、コピー＆ペーストで簡単にセットできます。

③ **この画面が表示されます。**

「対象社員の指定」等を指定し、ここをクリックして切り出します。

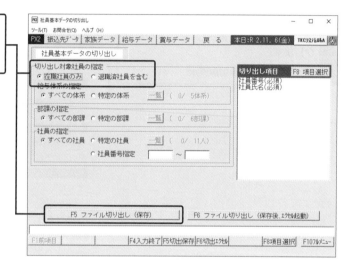

VII 労働保険料の申告

VIII 年末調整の手続き

IX 自社情報・社員情報の確認・登録の方法

X 戦略情報

XI その他の機能

XII 「TKCシステムまいサポート」（ヘルプデスク）とは

ここもチェック！ ✓

社員情報データの切り出し項目の変更の方法について

社員情報データの切り出し項目を変更したい場合などは、次のように行います。

❶ 切り出したい項目を変更する場合は、前述③の画面で「F8項目選択」をクリックします。

❷ この画面が表示されます。切り出したい項目を選択し、「OK」をクリックします。

❸ 項目を上、または下へと移動させたい項目を選択し、右にある「上へ」または「下へ」キーを押して移動できます。

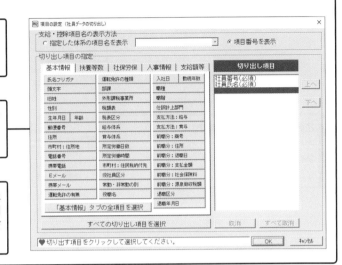

（2）支給実績データを切り出すには

❶ [補助機能] タブを選択し、ここをクリックします。

キーボード：32＋Enterキー

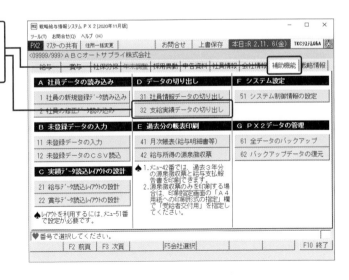

❷ **この画面が表示されます。切り出した
いデータを選択し、「OK」をクリック
します。**

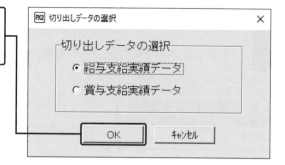

❸ **この画面が表示されます。**

切り出し対象とする期間や切出方法、「対象
社員の指定」等を指定し、ここをクリック
して切り出します。

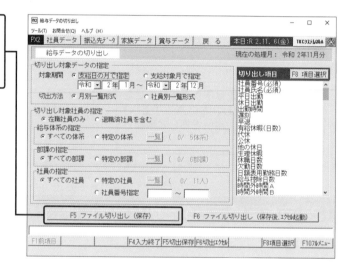

支給実績データの切り出し項目の変更の方法について

支給実績データの切り出し項目を変更したい場合などは、次のように行います。

❶ 切り出したい項目を変更する場合は、前述③の画面で「F8項目選択」をクリックします。

❷ この画面が表示されます。切り出したい項目を選択し、「OK」をクリックします。

❸ 切り出した項目の並び順を変えたいときは、「切り出し項目」欄で移動させたい項目を選択（青色反転）し、「上へ」「下へ」ボタンをクリックします。

VII 労働保険料の申告

VIII 年末調整の手続き

IX 自社情報・社員情報の確認・登録の方法

X 戦略情報

XI その他の機能

XII 「TKCシステムまいサポート」（ヘルプデスク）とは

5 他社システムの勤怠データを取り込むには

　PX2では、他社システムの勤怠データ（CSVファイルによって）を取り込むことができます。データの読み込みにあたっては、事前にTKC会計事務所へご相談ください。時間外手当時間（残業時間）の連携の方法など、貴社の給与規程などに沿って設定する必要があります。

プロからの実務上のアドバイス

●取り込んだ勤怠データの時間外割増率の設定に注意
　取り込んだ勤怠データは、出社時間や帰社時間等に基づき、総労働時間や時間外労働時間を集計した後のデータです。時間外労働時間のうち、平日の残業時間に深夜分を含むか否か等は、タイムレコーダー側の集計方法により異なります。そのため、時間外手当の割増率の設定に注意が必要です。

① [給与] タブで、給与の支給日を入力した後、「CSVファイルからデータ読込（F5）」をクリックします。

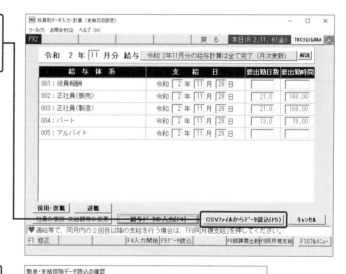

② この画面が表示されます。「読込」を選択します。

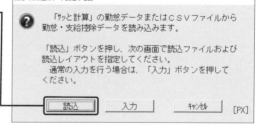

③ この画面が表示されます。
レイアウトと読込ファイルを選択します。

レイアウトを追加するには→333頁

VII 労働保険料の申告

VIII 年末調整の手続き

IX 自社情報・社員情報の確認・登録の方法

X 戦略情報

XI その他の機能

XII 「TKCシステムまいサポート」（ヘルプデスク）とは

ここもチェック！

[補助機能]タブで読込レイアウトを設計できる

PX2では、給与（賞与）データの読込レイアウトを設計できます。

① 給与（賞与）データの読み込みレイアウトを設計するには［補助機能］タブを選択し、ここをクリックします。

キーボード：21＋Enter キー

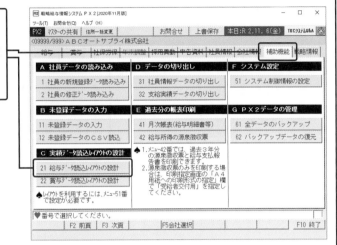

② この画面が表示されます。内容を確認し、「OK」を選択します。

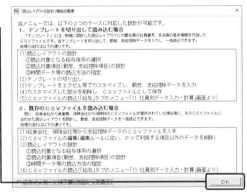

③ この画面が表示されます。

レイアウトと読込ファイルを選択します。

給与明細のWeb配信を利用するには、「PXまいポータル」の申し込みが必要になります。

① **[給与] タブを選択し、ここをクリックします。**

キーボード：31＋Enterキー

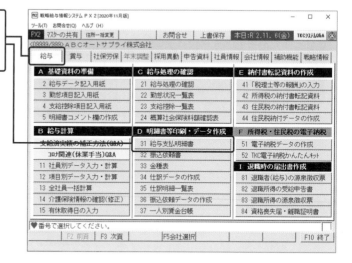

② **この画面が表示されます。**

PXまいポータルへログインしていない場合は、先にログイン画面が表示され、その後、この画面が表示されます。

「対象社員」や「社員の閲覧開始・通知メールの送信日時」等を指定し、ここをクリックします。

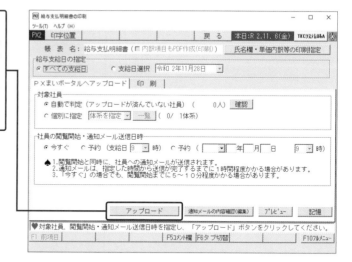

「給与明細書」の印刷の設定は

PX2では「給与明細書」の印刷について、その内容等を設定することができます。

❶ 「給与明細書」の敬称や単価等の印刷
要否は、このボタンをクリックして
設定します。

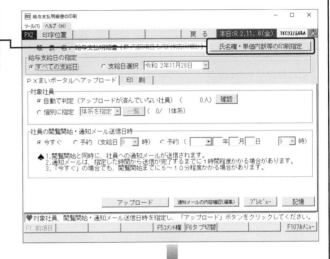

❷ クリック後は、この画面が表示され
ます。

必要な設定をした後、「OK」をクリック
します。

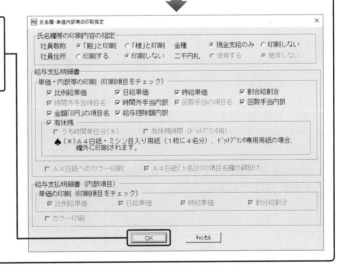

Ⅶ 労働保険料の申告
Ⅷ 年末調整の手続き
Ⅸ 自社情報・社員情報の確認・登録の方法
Ⅹ 戦略情報
ⅩⅠ その他の機能
ⅩⅡ 「TKCシステムまいサポート」（ヘルプデスク）とは

7 住民税のデータでの納付について

銀行との間に住民税納付サービスの契約がされ、ファイル送信ができるインターネット・バンキング（IB）を利用している場合に利用する機能となります。

① [給与] タブを選択します。

② ここをクリックします。

キーボード：44＋Enter キー

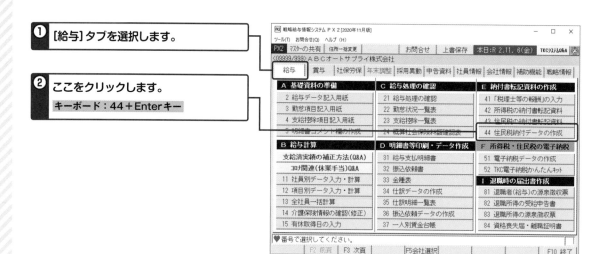

③ この画面が表示されます。

納付対象月を指定し、「OK」をクリックします。

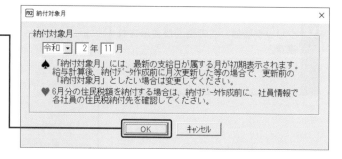

④ この画面が表示されますので、納期限を確認（修正）します。

また、市町村名カナ、特別徴収義務者指定番号を入力後、「F4データ作成」をクリックします。

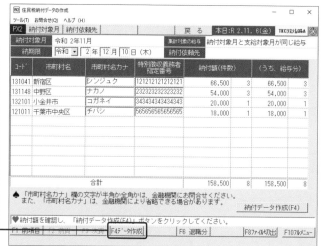

住民税の「特別徴収税額通知」が届いたら

PX2では、毎年5月頃に届く社員の住民税の「特別徴収税額通知」をもとに、毎月の給与から控除する住民税額を予約入力できます。予約入力は、書面の通知ではシステムへ直接入力することで、電子データでの通知では当該データを読み込むことで、完了します。

❶ [社員情報] タブを選択します。

❷ ここをクリックします。
キーボード：2＋Enter キー

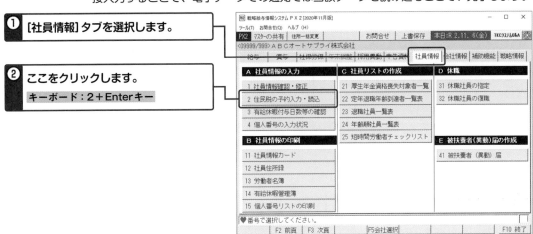

❸ サブメニュー画面が表示されます。
書面での通知の場合：11＋Enter キー
電子データでの通知の場合：1＋Enter キー

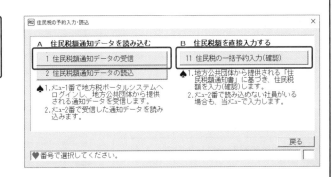

＜書面での通知の場合＞

④ **支給対象月が「4月」または「5月」の場合、入力する年度の指定画面が表示されます。**

新しい年度を選択して、「OK」ボタンをクリックします。

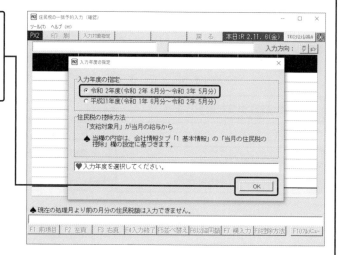

⑤ **入力対象を、すべての社員か市区町村で指定できます。**

指定後、「OK」ボタンをクリックします。

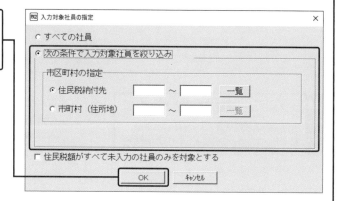

⑥ **「特別徴収税額通知」の内容を入力します。**

「F6以降同額」ボタンをクリックすると、カーソルのある年月以降の欄に、カーソルがある年月の金額が複写されます。

キーボード：F6キー

⑦ **入力が終了したら、「F４入力終了」ボタンをクリックします。**

キーボード：F4キー

＜電子データでの通知の場合＞

⑧ 利用者IDと独自の暗証番号を入力
し、「地方税ポータルシステムへログ
イン」ボタンをクリックします。

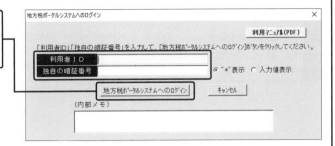

⑨ ここをクリックします。

キーボード：F4キー

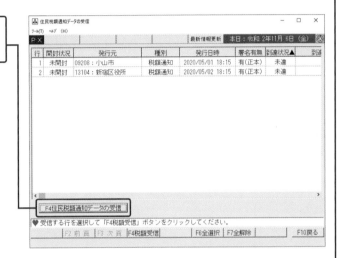

⑩ 保護番号を入力し、「OK」をクリッ
クします。

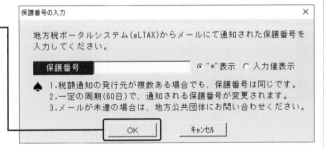

VII 労働保険料の申告

VIII 年末調整の手続き

IX 自社情報・社員情報の確認・登録の方法

X 戦略情報

XI その他の機能

XII 「TKCシステムまいサポート」（ヘルプデスク）とは

⑪ **ここをクリックして通知データを受信します。**

キーボード：F4キー

受信すると「開封状況」欄が「開封済」と表示されます。

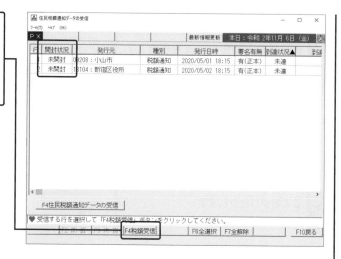

⑫ **ここをクリックして、受信した通知データをPX2へ読み込みます。**

キーボード：2＋Enterキー

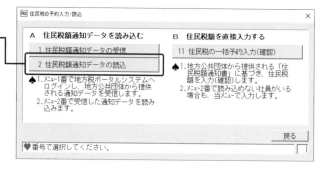

⑬ **受信済みの通知データが一覧で表示されます。**

読み込みたいデータを選択し、ここをクリックします。

キーボード：F4キー

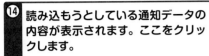

⓮ 読み込もうとしている通知データの内容が表示されます。ここをクリックします。

キーボード：F4キー

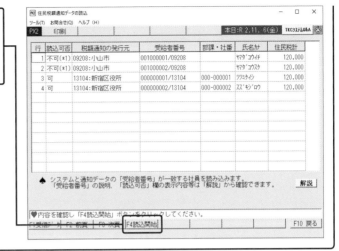

行	読込可否	税額通知の発行元	受給者番号	部課・社番	氏名カ	住民税計
1	不可(*1)	09208：小山市	001000001/09208		ヤマダ コウイチ	120,000
2	不可(*1)	09208：小山市	001000002/09208		ヤマダ コウスケ	120,000
3	可	13104：新宿区役所	000000001/13104	000-000001	ツヅミケイシ	120,000
4	可	13104：新宿区役所	000000002/13104	000-000002	スズ キジ ロウ	120,000

♦ システムと通知データの「受給者番号」が一致する社員を読み込みます。
「受給者番号」の説明、「読込可否」欄の表示内容等は「解説」から確認できます。 解説

♥内容を確認し「F4読込開始」ボタンをクリックしてください。

F1 受給デ...外 F2 前頁 F3 次頁 F4読込開始 F10 戻る

VII 労働保険料の申告

VIII 年末調整の手続き

IX 自社情報・社員情報の確認・登録の方法

X 戦略情報

XI その他の機能

XII 「TKCシステムまいサポート」（ヘルプデスク）とは

「TKCシステム まいサポート」（ヘルプ デスク）とは

TKCシステムについての操作方法や設定方法がわからない場合、ヘルプデスクにメールまたは電話で問い合わせることができます。

このヘルプデスクを利用するためには、「TKCシステムまいサポート」の申し込みと連絡先（電話番号）の登録が必要です。申し込みや連絡先（電話番号）の登録については、TKC会計事務所にお問い合わせください。

＜ヘルプデスクの受付時間＞
メール送信は、24時間365日受付。
メールへの電話回答は平日10時〜16時
（※16時以降送信分は翌営業日に回答）
IP電話での問合せは、平日9時〜18時

■ メールでの問い合わせの際、メールアドレスは不要

メールでの問合せには専用のメール送信画面が用意されています。メールアドレスの入力は不要で、質問内容を入力して送信ボタンをクリックするだけで、メールを送信できます。メール送信後、ヘルプデスクから折り返し電話がかかってきます。

■ 電話には専用電話アプリを使用します。

電話での問合せには専用のIP電話アプリを使用します。通常の固定電話、携帯電話を利用する必要はなく、PX2からIP電話アプリを起動して、電話をかけることができます。

通話料は無料です。なお、マイクとイヤホンが一体となったヘッドセットが会計事務所を通じて提供されます。

2 メールでの問い合わせ方法

ここでは、メールでの問い合わせ手順とそのポイントについて解説します。

❶ 「TKC戦略経営者メニュー21」の「お問合せ」をクリックします。

PX2にある「お問合せ」ボタンでも同じです。

❷ TKCシステムまいサポートメニューで、「メールでの問合せ」をクリックします。

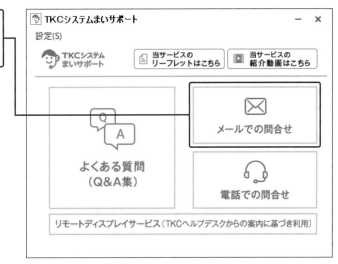

VII 労働保険料の申告
VIII 年末調整の手続き
IX 自社情報・社員情報の確認・登録の方法
X 戦略情報
XI その他の機能
XII 「TKCシステムまいサポート」（ヘルプデスク）とは

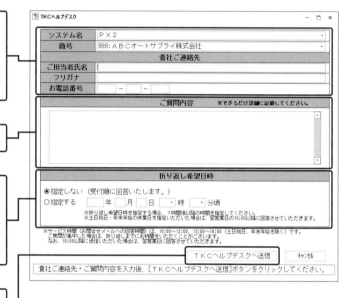

③ メール送信画面で、会社コード（複数の会社データがある場合）、システム名、貴社ご連絡先を入力します。

貴社ご連絡先には、前回入力した内容が表示されます。

④ 質問内容を入力します。

⑤ ヘルプデスクからの折り返し電話の希望日時を指定する場合、1時間以降の時間で入力します。

なお、繁忙期等で希望日時に折り返しがない場合もあります。

⑥ 「TKCヘルプデスクへ送信」ボタンをクリックすると、質問が送信されます。

⑦ その後、ヘルプデスクから電話で連絡があります。

3 電話での問い合わせ方法

ここでは、電話での問い合わせ手順とそのポイントについて解説します。

❶ 「TKC戦略経営者メニュー21」の「お問合せ」をクリックします。

PX2にある「お問合せ」ボタンでも同じです。

❷ TKCシステムまいサポートメニューで、「電話での問合せ」をクリックします。

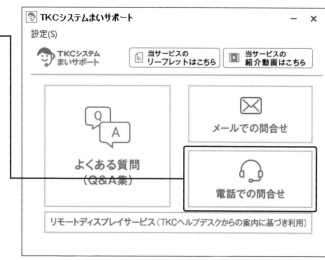

❸ ここをクリックすると電話がかかります。

※繁忙期はつながりにくい場合があります。

■ よくある質問（Q&A集）について

「よくある質問（Q&A集）」ボタンからよくある質問を参照できます。こちらもご利用ください。

サンプル帳表

1. 所得税の納付書転記資料
2. 住民税の納付書転記資料
3. 給与支払明細書
4. 給与所得の源泉徴収票
5. 給与支払報告書
6. 一人別源泉徴収簿
7. 賃金台帳
8. 労働者名簿
9. 有給休暇管理簿

1 所得税の納付書転記資料

「給与所得・退職所得等の所得税徴収高計算書（納付書）」への転記資料を印刷できます。
帳表上部には、非居住者の人数、支給額、税額が参考表示されます。

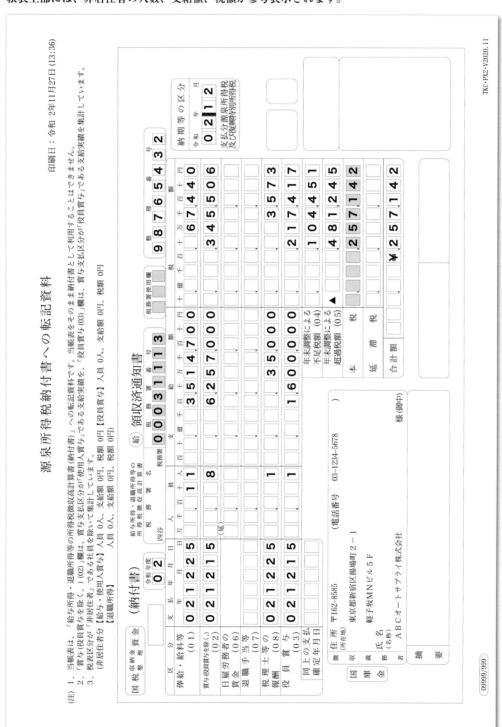

2 住民税の納付書転記資料

住民税の納付書を作成するにあたっての転記資料を印刷できます。

TKC-PX2-V2020.11

住民税納付先別（市町村別）一覧表
—「個人住民税納入書」への転記資料—

印刷日：令和 2年11月27日(13:37)　　P － 1
【支給対象 令和 2年11月分 「月分」で集計】

行	市町村	令和 2年 6月分	令和 2年 7月分	令和 2年 8月分	令和 2年 9月分	令和 2年10月分	令和 2年11月分	6月～11月分	年間合計
1	千葉市中央区 (121011)								
2	004-001007 飯田 隆夫	18,000	18,000	18,000	18,000	18,000	18,000	108,000	126,000
3	計	1人 18,000	1人 18,000	1人 18,000	1人 18,000	1人 18,000	1人 18,000	108,000	126,000
4									
5	新宿区 (131041)								
6	000-000001 堤 啓士	23,000	23,000	23,000	23,000	23,000	23,000	138,000	161,000
7	000-000002 鈴木 次郎	24,000	24,000	24,000	24,000	24,000	24,000	144,000	168,000
8	001-001002 佐藤 誠	19,500	19,500	19,500	19,500	19,500	19,500	117,000	136,500
9	003-002012 田中 和馬	0	0	0	0	0	0	0	0
10	009-000101 山口 留美	0	0	0	0	0	0	0	0
11	計	3人 66,500	3人 66,500	3人 66,500	3人 66,500	3人 66,500	3人 66,500	399,000	465,500
12									
13	中野区 (131148)								
14	000-001000 山田 太郎	21,000	21,000	21,000	21,000	21,000	21,000	126,000	147,000
15	002-001080 飯島 良子	13,000	13,000	13,000	13,000	13,000	13,000	78,000	91,000
16	003-001004 岡田 紀夫	20,000	20,000	20,000	20,000	20,000	20,000	120,000	140,000
17	計	3人 54,000	3人 54,000	3人 54,000	3人 54,000	3人 54,000	3人 54,000	324,000	378,000
18									
19	練馬区 (131202)								
20	009-000105 木内 今日子	0	0	0	0	0	0	0	0
21	計	0	0	0	0	0	0	0	0
22									
23	小金井市 (132101)								
24	001-001005 足立 文雄	20,000	20,000	20,000	20,000	20,000	20,000	120,000	140,000
25	計	1人 20,000	1人 20,000	1人 20,000	1人 20,000	1人 20,000	1人 20,000	120,000	140,000
26									
27	全市町村計	8人 158,500	8人 158,500	8人 158,500	8人 158,500	8人 158,500	8人 158,500	951,000	1,109,500

ＡＢＣオートサプライ株式会社

09999/999

3 給与支払明細書

給与計算結果を白紙のA4判用紙に印刷できます。別売の専用用紙（カラー）もあります。

```
部　課　　000　本社
社員番号　001000

山田　太郎 殿

令和 2年12月分給与（令和 2年12月25日支給）
```

ＡＢＣオートサプライ株式会社　　**給 与 支 払 明 細 書**　　（令 和　2年12月25日支給）

	基本給	役付手当	職務手当	資格手当	特別手当	業績手当		
支	300,000	10,000	5,000	40,000				
	住宅手当	家族手当	食事手当	皆勤手当	その他			時間外手当
	8,400	7,000	3,000					
給	回数手当	通勤手当(課税分)	給与控除額	課税支給額	非課税通勤手当	非課税		支 給 合 計
				373,400	10,000			383,400
	健 康 保 険	厚 生 年 金	雇 用 保 険	社会保険料合計	課税対象額	所 得 税		住 民 税
控	介護 3,938					徴 26,417		
	一般 21,714	40,260	1,150	67,062	306,338	5,370		21,000
	組合費	組合返済	財形貯蓄	従業員持株会	表彰金	通勤費控除		
	383,400×2% 7,668		30,000	5,000		10,000		
除	社宅費	保険料控除	その他の控除	控 除 合 計	端 数 調 整	端数預け金計		差 引 支 給 額
	7,000	7,460		186,977				196,423

勤務状況	平日出勤	休日出勤	遅 刻	早 退	有 休	代 休	公 休	他の休日	生理休暇	休職日数	欠 勤	有 休 残日数	当年分	前年分
													20.0	20.0
日数 時間	要出勤	所定労働	出 勤	給与控除	時 間 外 手 当 の 内 訳				回 数 手 当 の 内 訳				税額表	
日数	21.0	20.0			法定内	平日	平日深夜	休日	成果手当	新規開拓	再契約		月額表 甲欄	
時間	168:00	160:00			休日深夜		60h超						扶養等 2人	

```
今回の給与の内、100,000円を　三菱ＵＦＪ銀行 中野支店 普通#9638521 に振込済みです。
今回の給与の内、96,423円を　三菱ＵＦＪ銀行 小金井支店 普通#2589631 に振込済みです。
```

（注）この「給与支払明細書」は、大切に保管しておいてください。

TKC・PX2・V2020.11

4 給与所得の源泉徴収票

税務署へ提出する「給与所得の源泉徴収票」を印刷できます。
事前の設定に基づき、個人番号も印刷できます。

令和 2 年分　　　**給与所得の源泉徴収票**

	内容
住所又は居所	東京都府中市浅間町８－４－２４ コーポアルカサル　５０１号

(受給者番号) 000001000/13206

(役職名) 係長

氏名 (フリガナ) ヤマダ タロウ　山田　太郎

種別	支払金額	給与所得控除後の金額（調整控除後）	所得控除の額の合計額	源泉徴収税額
給　与	内　　　　円 6,572,814	円 4,817,600	円 2,336,819	円 153,600

（源泉）控除対象配偶者の有無等	老人	配偶者（特別）控除の額	控除対象扶養親族の数（配偶者を除く。）						16歳未満扶養親族の数	障害者の数（本人を除く。）		非居住者である親族の数
			特定		その他		老人			特別	その他	
有　従有		円 380,000	人 従人	内　　　人	従人　　人	従人	人	人 1	人 1	内　　人	人	人

社会保険料等の金額	生命保険料の控除額	地震保険料の控除額	住宅借入金等特別控除の額
内　　　円 1,045,819	円 51,000	円	円

（摘要）

生命保険料の金額の内訳	新生命保険料の金額	円	旧生命保険料の金額	円 36,000	介護医療保険料の金額	円 21,000	新個人年金保険料の金額	円	旧個人年金保険料の金額	円
住宅借入金等特別控除の額の内訳	住宅借入金等特別控除適用数		居住開始年月日（1回目）	年　月　日	住宅借入金等特別控除区分（1回目）		住宅借入金等年末残高（1回目）			円
	住宅借入金等特別控除可能額	円	居住開始年月日（2回目）	年　月　日	住宅借入金等特別控除区分（2回目）		住宅借入金等年末残高（2回目）			円

源泉・特別控除対象配偶者	氏名（フリガナ） 山田　恵子	区分	配偶者の合計所得	円 0	国民年金保険料等の金額	円	旧長期損害保険料の金額	円
			基礎控除の額	円	所得金額調整控除額	円		

控除対象扶養親族	1	氏名（フリガナ） 山田　康平	区分	16歳未満の扶養親族	1	氏名（フリガナ） 山田　千里	区分
	2	氏名（フリガナ）	区分		2	氏名（フリガナ）	区分
	3	氏名（フリガナ）	区分		3	氏名（フリガナ）	区分
	4	氏名（フリガナ）	区分		4	氏名（フリガナ）	区分

未成年者	外国人	死亡退職	災害者	乙欄	本人が障害者 特別 その他	寡婦	ひとり親	勤労学生	中途就・退職					受給者生年月日			
									就職	退職	年	月	日	元号	年	月	日
														昭和	36	4	5

（受給者交付用）支払者	住所（居所）又は所在地	東京都新宿区揚場町２－１ 軽子坂ＭＮビル５Ｆ
	氏名又は名称	ＡＢＣオートサプライ株式会社　　　（電話）03-1234-5678

5　給与支払報告書

市区町村へ提出する「給与支払報告書」を印刷できます。
事前の設定に基づき、個人番号も印刷できます。

③ 給与支払報告書（個人別明細書）

| ※ | | | ※　種　別 | ※　整　理　番　号 | ※ |

| 支払を受ける者 | 住所 | ※区分 東京都府中市浅間町８－４－２４　コーポアルカサル　５０１号 | （受給者番号）000001000/13206 （個人番号） （役職名）係長 氏名 (フリガナ) ヤマダ タロウ　山田　太郎 |

種　別	支　払　金　額	給与所得控除後の金額（調整控除後）	所得控除の額の合計額	源泉徴収税額
給　与	6,572,814	4,817,600	2,336,819	153,600

（源泉）控除対象配偶者の有無等 有 従有	老人	配偶者（特別）控除の額	控除対象扶養親族の数（配偶者を除く。）						16歳未満扶養親族の数	障害者の数（本人を除く。）		非居住者である親族の数
			特　定		老　人 内		その他			特　別	その他	
○		380,000	人	従人	内 人	従人	1 人	従人	1	内 人	人	人

社会保険料等の金額	生命保険料の控除額	地震保険料の控除額	住宅借入金等特別控除の額
内 1,045,819	51,000		

（摘要）

生命保険料の金額の内訳	新生命保険料の金額	旧生命保険料の金額 36,000	介護医療保険料の金額 21,000	新個人年金保険料の金額	旧個人年金保険料の金額
住宅借入金等特別控除の額の内訳	住宅借入金等特別控除適用数	居住開始年月日（1回目）　年　月　日	住宅借入金等特別控除区分（1回目）	住宅借入金等年末残高（1回目）	
	住宅借入金等特別控除可能額	居住開始年月日（2回目）　年　月　日	住宅借入金等特別控除区分（2回目）	住宅借入金等年末残高（2回目）	

（源泉・特別）控除対象配偶者	(フリガナ) 氏名 山田　恵子	区分	配偶者の合計所得 0	国民年金保険料等の金額	旧長期損害保険料の金額
	個人番号			基礎控除の額	所得金額調整控除額

控除対象扶養親族	1	(フリガナ) 氏名 山田　康平	区分	16歳未満の扶養親族	1	(フリガナ) 氏名 山田　千里	区分
		個人番号				個人番号	
	2	(フリガナ) 氏名	区分		2	(フリガナ) 氏名	区分
		個人番号				個人番号	
	3	(フリガナ) 氏名	区分		3	(フリガナ) 氏名	区分
		個人番号				個人番号	
	4	(フリガナ) 氏名	区分		4	(フリガナ) 氏名	区分
		個人番号				個人番号	

未成年者	外国人	死亡退職	災害者	乙欄	本人が障害者 特別 その他	寡婦	ひとり親	勤労学生	中途就・退職		受給者生年月日			
									就職 退職 年 月 日		元　号	年	月	日
											昭和	36	4	5

支払者（市区町村提出用）	個人番号又は法人番号	（右詰で記載してください。）
	住所（居所）又は所在地	東京都新宿区揚場町２－１　軽子坂ＭＮビル５Ｆ
	氏名又は名称	ＡＢＣオートサプライ株式会社　　（電話）03-1234-5678

6 一人別源泉徴収簿

税務署配布の「給与所得・退職所得に対する所得税源泉徴収簿」と同じ様式の一人別源泉徴収簿を印刷できます。

整理番号 部課コード 000 社員番号 001000

氏名 ヤマダ タロウ　山田 太郎（昭和36年 4月 5日生）

（商号）ABCオートサプライ株式会社（00999/999）
本社　職名 係長

住所（郵便番号 164-0014）東京都中野区中野上高田町 8-4-24 コーポアルカサル 501号

令和2年分 給与所得に対する源泉徴収簿（甲欄／乙欄）

月区分	支給月日	総支給金額	社会保険料等の控除額	社会保険料等控除後の給与等の金額	扶養親族等の数	算出税額	年末調整による過不足税額	差引徴収税額
給料 1	1月25日	375400	62512	312888	3	4000		4000
2	2月25日	403947	62597	341350	3	5230		5230
3	3月25日	428075	62670	365405	3	6210		6210
4	4月25日	391713	62623	329090	3	4740		4740
5	5月25日	384400	62601	321799	3	4370		4370
6	6月28日	493403	62928	430475	3	9260		9260
7	7月24日	400775	62650	338125	3	5110		5110
8	8月28日	389400	62616	326784	3	4610		4610
9	9月28日	390400	62619	327781	3	4610		4610
10	10月26日	400501	67143	333358	3	4860		4860
11	11月28日	376400	67071	309329	2	5490		5490
12	12月25日	373400	67062	306338	2	5370	26417	5370
計		① 4807814	② 765092	312888		③ 63860		
賞与	6月29日	700000	117996	582004	2	26475（税率 4.084%）		26475
	12月15日	1065000	162731	902269	2	36848		36848
計		④ 1765000	⑤ 280727			⑥ 63323		63323

年末調整

区分		金額
給料・手当等	⑧	4807814
賞与等	⑨	1765000
計	⑩	6572814
給与所得控除後の給与等の金額	⑪	4817600
所得金額調整控除額	⑫	
給与所得控除後の給与等の金額（調整控除後）	⑬	4817600
社会保険料等の控除分	⑭	1045819
小規模企業共済等掛金の控除分	⑮	
生命保険料の控除額	⑯	51000
地震保険料の控除額	⑰	
配偶者（特別）控除額	⑱	380000
基礎控除額	⑲	480000
扶養控除額及び障害者等の控除額の合計額	⑳	
所得控除額の合計額		2336819
差引課税給与所得金額（⑬−⑳）及び算出所得税額	㉑	2480000 ／ ㉒ 150500
（特定増改築等）住宅借入金等特別控除額	㉓	
年調所得税額（㉒−㉓、マイナスの場合は0）	㉔	150500
年調年税額（㉔×102.1%）	㉕	153600
差引超過額又は不足額（㉕−⑥）	㉖	26417
超過額の精算（本年最後の給与から徴収する未徴収の税額に充当する金額）		
差引還付する金額		
同上のうち本年中に還付する金額		
翌年において還付する金額		
不足額（本年最後の給与から徴収する金額）		26417
翌年に繰り越して徴収する金額		

前年の年末調整に基づき繰り越した過不足税額

月区分	月日	差引残高
同上の税額につき還付又は徴収した月別及びその金額		

部課・社員番号：000-001000

355

7 賃金台帳

労働基準法に準拠した賃金台帳を一人別に印刷できます。用紙はＡ４判とＢ４判を選択できます。また、印刷するフォントを明朝体・ゴシック体から選択できます。

令和 2年分 賃金台帳

部課：000		
商号：ＡＢＣオート・サプライ株式会社	社員番号：001000	
	氏名：山田 太郎 (男)	
	住所：〒164-0014 東京都中野区南台間8-4-2-4 コーポアルカサル501号	

生年月日：昭和36年 4月 5日 税区分：甲欄
入社年月日：昭和57年 4月 1日 税額表：月額表

印刷日：令和 2年11月27日(13:49)
給与体系：003 正社員(製造)
賞与体系：003 正社員(製造)

賃金支給期月日	2年 1月 2. 1.25	2年 2月 2. 2.25	2年 3月 2. 3.25	2年 4月 2. 4.25	2年 5月 2. 5.25	2年 6月 2. 6.28	2年 7月 2. 7.24	2年 8月 2. 8.28	2年 9月 2. 9.28	2年10月 2.10.26	2年11月 2.11.28	2年12月 2.12.25	合計
基本給	300,000	300,000	300,000	300,000	300,000	300,000	300,000	300,000	300,000	300,000	300,000	300,000	3,600,000
役付手当	10,000	10,000	10,000	10,000	10,000	10,000	10,000	10,000	10,000	10,000	10,000	10,000	120,000
勤務地手当	5,000	5,000	5,000	5,000	5,000	5,000	5,000	5,000	5,000	5,000	5,000	5,000	60,000
資格手当	40,000	40,000	40,000	40,000	40,000	40,000	40,000	40,000	40,000	40,000	40,000	40,000	480,000
家族特別手当	2,000	2,000	2,000	11,000	120,003	13,000	16,000	17,000	3,000	2,000			221,003
住宅手当	8,400	8,400	8,400	8,400	8,400	8,400	8,400	8,400	8,400	8,400	8,400	8,400	100,800
家族手当	7,000	7,000	7,000	7,000	7,000	7,000	7,000	7,000	7,000	7,000	7,000	7,000	84,000
皆勤手当	3,000	3,000	3,000	3,000	3,000	3,000	3,000	3,000	3,000	3,000	3,000	3,000	36,000
その他													
時間外手当	10,547	10,547	44,675	11,313		14,375	14,375		25,101				106,011
課税通勤手当													
給与課税控除額													
課税通勤控除額													
非課税通勤手当													
給与計	375,400	403,947	428,075	391,713	384,400	493,403	400,775	389,400	390,400	400,501	376,400	373,400	4,807,814
課税支給総額	10,000	10,000	10,000	10,000	10,000	10,000	10,000	10,000	10,000	10,000	10,000	10,000	120,000
支給計	385,400	413,947	438,075	401,713	394,400	503,403	410,775	399,400	400,400	410,501	386,400	383,400	4,927,814
健保(介護)	3,546	3,546	3,546	3,670	3,670	3,670	3,670	3,670	3,670	3,938	3,938	3,938	44,472
健保(一般)	20,295	20,295	20,295	20,233	20,233	20,233	20,233	20,233	20,233	21,714	21,714	21,714	247,425
厚生年金基金	37,515	37,515	37,515	37,515	37,515	37,515	37,515	37,515	37,515	40,260	40,260	40,260	458,415
厚生年金	1,156	1,241	1,314	1,205	1,183	1,510	1,232	1,198	1,201	1,231	1,159	1,150	14,780
雇用保険	62,512	62,597	62,670	62,623	62,601	62,928	62,650	62,616	62,619	67,062	67,071	67,062	765,092
社会保険料計	312,888	341,350	365,405	329,090	321,799	430,475	338,125	326,784	327,781	333,358	309,329	306,338	4,042,722
課税対象額	4,000	5,230	6,210	4,740	4,370	9,260	5,110	4,610	4,860	4,720	21,000	31,787	582,004
所得税	2,000	8,279	8,762	8,034	7,888	10,068	8,216	7,988	8,008	8,210	7,728	7,668	90,277
住民税	7,708												98,557
組合費													
組合送済	30,000	30,000	30,000	30,000	30,000	30,000	30,000	30,000	30,000	30,000	30,000	30,000	360,000
財形貯蓄	5,000	5,000	5,000	5,000	5,000	5,000	5,000	5,000	5,000	5,000	5,000	5,000	60,000
従業員持株会													
非課税通勤控除	10,000	10,000	10,000	10,000	10,000	10,000	10,000	10,000	10,000	10,000	10,000	10,000	120,000
計算控除	7,000	7,000	7,000	7,000	7,000	7,000	7,000	7,000	7,000	7,000	7,000	7,000	84,000
保険料控除内	7,460	7,460	7,460	7,460	7,460	7,460	7,460	7,460	7,460	7,460	7,460	7,460	89,520
控除計	152,680	154,566	156,102	153,857	153,319	162,716	156,436	155,674	155,697	160,673	160,749	186,977	1,909,446
調整控除額													
差引支給額	232,720	259,381	281,973	247,856	241,081	340,687	254,339	243,726	244,703	249,828	225,651	196,423	3,018,368

賞与項目	1回目	2回目	計
賞与支給期月日	2. 6.29	2.12.15	
基本賞与	600,000	800,000	1,400,000
部門業績賞与	100,000	50,000	100,000
個人業績賞与	250,000	200,000	250,000
特別手当		15,000	480,000
課税賞与			236,003
給与計			
給与控除控除			
課税賞与支給額			
健保(介護)	6,812	9,531	16,343
健保(一般)	38,751	52,558	91,309
厚生年金基金	70,021	97,447	167,468
厚生年金	2,412	3,195	5,607
雇用保険	117,996	162,731	280,727
社会保険料計	582,004	902,269	1,484,273
課税対象額	26,475	36,848	63,323
所得税	15,000	21,300	36,300
組合費			
組合医療財形貯蓄	360,000	60,000	
従業員持株会			
その他の控除			120,000
控除合計	159,471	220,879	380,350
調整控除額			
差引支給額	540,529	844,121	1,384,650

勤怠	2. 1.25	2. 2.25	2. 3.25	2. 4.25	2. 5.25	2. 6.28	2. 7.24	2. 8.28	2. 9.28	2.10.26	2.11.28	2.12.25	計
平日出勤日数	19.0	18.0	19.0	20.0	20.0	18.0	17.0	18.0	20.0	22.0	19.0	210.0	
休日出勤日数		1.0	1.0			1.0						2.0	
有給休暇日数	12.0	11.0		10.0	10.0	12.0	13.0	13.0	11.0	9.0	12.0	120.0	165:00
特別休暇/早退				165:00									
遅刻早退時間													
時間外労働時間	2:00	10:50		5:00	5:00		5:00	5:00	5:00			27:50	
休日労働時間	2:00	7:00			1:00							15:00	
うち平日深夜													
うち休日深夜													
うち60h超													

TKC・PX2・V2020.11

00999/999

8 労働者名簿

労働基準法に準拠した労働者名簿を印刷できます。

労 働 者 名 簿

社員番号：001000

印刷日：令和 2年11月27日 (13:49)

※フリガナ	ヤマダ タロウ	※体系	003：正社員 (製造)
氏名	山田 太郎 （男）	※部課	000：本社
※ （旧姓）		生年月日	昭和36年 4月 5日生 （ 59 歳）

現住所	〒 164-0014 東京都府中市浅間町８－４－２４ コーポアルカサル ５０１号	E-Mail ： 携帯電話： 電話番号：03-6677-8989
※緊急時の 連絡先住所	〒	氏名 ：山田 一郎 （父） 携帯電話： 電話番号：028-699-2121

雇入年月日	昭和57年 4月 1日	従事する業務の種類	製造

解雇・退職又は死亡	解雇 ・ 退職 ・ 死亡 （該当に○）

解雇・退職の事由 死亡の原因	

履歴 （学歴・職歴）	昭和57年 3月：上河内大学工学部機械科卒 昭和57年 4月 1日：本社、製造、係長代理

※賞罰記録	

※備考 （在留期限、 資格等）		昭和57年12月 1日：日商簿記検定２級

※健康保険番号	15	昭和57年 4月 1日 資格取得
※厚生年金番号	7418936258	昭和57年 4月 1日 資格取得
※基金番号		
※雇用保険番号	1234-147852-4	昭和57年 4月 1日 資格取得

※家族	氏名	生年月日	続柄	扶養の有無	障害の有無
	山田 恵子	昭和36年12月18日	配偶者	有	無
	山田 康平	平成 1年 3月 1日	子	有	無
	山田 千里	平成20年 9月 8日	子	有	無

注１：「従事する業務の種類」（職種）は、常時30人未満の労働者を使用する事業所では記入不要です。
注２：※印の項目は、労働基準法および同法施行規則の記入事項ではありませんが、扶養親族の確認や助成金の申請等で
利用できるように印刷しています。

9 有給休暇管理簿

有給休暇の付与機能をご利用の場合に、労働基準法施行規則で定める記載要件（時季、日数及び基準日）を満たす管理簿を印刷できます。

年次有給休暇管理簿

社番	000002		役社員区分	社員	有休付与パターン	001
氏名	鈴木　次郎				付与(繰越)方法	入社日ごと
体系	003：正社員(製造)		入社年月日	1987/ 4/ 1	退職年月日	
部課	000：本社		有休付与起算日	1987/ 4/ 1	勤続年数	33年9か月

R 2.12. 1
(19：44)
P － 1

期間	2020年 1月～2020年12月				2019年 1月～2019年12月				2018年 1月～2018年12月				2017年 1月～2017年12月			
基準日	2020/10/ 1				2019/10/ 1				2018/10/ 1							
付与日数	20日				20日				20日							
	取得日	曜	日数	時間	取得日	曜	日数	時間	取得日	曜	日数	時間	取得日	曜	日数	時間
1					2019/ 4/15	月	1.0									
2					2019/ 6/ 7	金	1.0									
3					2019/ 7/11	木	1.0									
4					2019/10/24	木	1.0									
5					2019/10/25	金	1.0									
6					2019/11/22	金	1.0									
ページ小計	－	－			－	－	6.0		－	－	－		－	－	－	
期間合計	－	－			－	－	6.0		－	－	－		－	－	－	

時季（年次有給休暇を取得した日付）

09999/999　　　　　　ＡＢＣオートサプライ株式会社　　　　　　TKC・PX2・V2020. 11

索 引

●編著者

TKC全国会　システム委員会　PX2システム小委員会

委員長　税理士　安部　知格

委　員　税理士　髙谷　新悟

委　員　税理士　手塚　悟

委　員　税理士　中田　和宏

委　員　税理士　山本　大介

●制作協力

株式会社TKC　システム開発研究所

西山　武志

〈第1版編著者〉

TKC全国会　システム委員会　PX2システム小委員会

委員長　税理士　安部　知格

委　員　税理士　玉置　則壽

委　員　税理士　中田　和宏

委　員　税理士　水島　栄司

委　員　税理士　山本　大介

〈第1版制作協力〉

株式会社TKC　システム開発研究所

東田　庸平

西山　武志

すぐに使えるPX2
戦略給与情報システム(PX2)ガイドブック　働き方改革関連法 電子納税・申請等 対応　第2版

2019年 2月 8日　第1版第1刷
2021年 1月22日　第2版第1刷
2023年10月27日　第2版第2刷

定価3,080円（本体2,800円＋税10％）

編　　著	TKC全国会システム委員会PX2システム小委員会
発 行 所	株式会社TKC出版
	〒162-0825　東京都新宿区神楽坂2-17
	中央ビル2階　ＴＥＬ03（3268）0561
印刷・製本	晃南印刷株式会社
装　　丁	株式会社グローバルブランディングマネジメント
ＤＴＰ	株式会社ペペ工房